方針管理の基本

猪原正守・鬼頭　靖［著］

日科技連

方針管理の基本

猪原正守・鬼頭 靖 [著]

日科技連

まえがき
～ 今こそ求められるマネジメントの原点 ～

　企業を取り巻く環境は厳しさを増すばかりです．その中で持続的成長を維持するために企業に求められていることは，あらゆる変化に対応できる企業体質の強化であり，それは，組織能力の強化と働く人々の能力向上です．

　人の知的能力は学習を通じて獲得される形式知と活動を通じて会得される暗黙知であると言われて久しいのですが，企業の持つ経営資源（人的資源，物的資源，財務的資源）を有効活用する能力に加えて，それらの活用プロセスを通じて新たな経営資源を獲得する能力である組織能力の強化が求められています．その組織能力を獲得，強化するためには，技術（固有技術と管理技術）の実践活用を通じた技能化，その技能の実践活用を通じたノウハウ化，それらノウハウの一般化，理論化，体系化による新しい知識の獲得，その知識の技術化という学習サイクルを効果的・効率的に回す必要があります．

　この学習サイクルを効果的・効率的に回すための仕組みとして，管理者・スタッフが QC サークル活動と一緒になって行う日常管理，企業の経営（基本）戦略を実現するための中期経営計画の達成を目指した方針管理活動があります．

　Japan as No.1 といわれた 1980 年代の日本的経営の中でもっとも注目され，『Made in America；アメリカ再生のための米日欧産業比較』[1] の中で日本的経営の核として紹介された日常管理と方針管理という車の両輪が，バブル崩壊以降の失われた 30 年の間に形骸化し，その効果を実感できなくなってきているとの危機感がささやかれています．

　世の中は，モノ価値からコト価値へのパラダイムシフトが起こっている，もはやモノづくりの時代は終わり，これからはコトづくりの時代であるという声も聞かれます．本当にそうでしょうか．昔の近江商人は「買手良し，売手良し，世間良し」というあの"三方良し"の経営哲学[2] を実践し，ビジネスを成

iii

まえがき

功に導きました．また，日本資本主義の父と呼ばれる渋沢栄一氏は，その著書『論語と算盤』[3] の中で「企業の使命は適正な利益の確保とその利益による社会貢献である」という趣旨の話を記しています．社是や経営理念に謳われた心の実現による企業競争力を強化するためには，今こそ方針管理を復活させることが求められています．

このような観点から，方針管理の原点に立ち返り，その魅力とは何であったか，それを効果的・効率的に推進するための基本は何であったか，忘れていたことはなかったのか，変えるべきところは何かなどを表題「方針管理の基本」の中に埋め込んで，方針管理に対する筆者の理想論を述べました．読者からお叱りをいただく箇所が至る所にあるのは覚悟のうえで執筆しています．なお，本書の第1章から第4章は猪原が担当し，第5章は鬼頭が担当しています．

最後に，故・納谷嘉信 大阪電気通信大学名誉教授には，筆者が大阪電気通信大学に着任して以来，ときには厳しくも，いつもやさしく品質管理や新QC七つ道具の基礎を教授していただきました．また，本書の執筆をお勧めいただいた㈱日科技連出版社の戸羽節文社長には，筆の遅い筆者を辛抱強く支援していただきました．ここに，改めて心から感謝申し上げます．

2025 年 2 月吉日

猪 原 正 守

方針管理の基本

目　次

まえがき～ 今こそ求められるマネジメントの原点 ～………iii

第1章　方針管理を取り巻く経営環境………1

1.1　カーボンニュートラルへの取組み………1

1.2　モノづくり変革に潜むリスク………2

1.3　モノ価値からコト価値へのパラダイムシフト………3

1.4　デジタル化が引き起こす創造価値の創出………7

第2章　方針管理推進の目的と問題点………9

2.1　方針管理推進の目的………9

2.2　方針管理推進上の問題点………32

2.3　方針管理と目標管理の違い………47

第3章　方針管理の進め方………49

3.1　中期経営計画の策定………49

3.2　年度社長方針の策定………52

目 次

3.3 方針策定における注意点………58

3.4 社内各部門への展開と注意点………67

3.5 方策の実行と効果の確認における注意点………83

3.6 年度の途中における方針の見直しと変更における注意点………89

3.7 方針管理の進め方におけるそのほかの注意点………99

第4章 方針管理におけるTQM，日常管理，QCサークル活動の位置づけ………103

4.1 TQM の基本的な考え方………103

4.2 TQM の活動要素………105

4.3 TQM モデル………111

4.4 PDCA と SDCA が TQM の基盤………114

4.5 方針管理における TQM の位置づけ………115

4.6 方針管理における日常管理の位置づけ………118

4.7 方針管理における QC サークル活動の位置づけ………126

第5章 ㈱アイシンにおける方針管理の推進………131

5.1 方針管理導入の背景………131

5.2 初期の方針管理活動(1965～1995 年)………131

5.3 「全社監査」による活動のフォロー………133

目 次

5.4 方針管理活動の変革………134

5.5 マネジメント層教育………134

5.6 方針管理活動の支援………139

5.7 部門長への寄り添い(2016 年〜)………141

引用・参考文献………145

索　引………147

装丁・本文デザイン＝さおとめの事務所

第1章

方針管理を取り巻く経営環境

1.1　カーボンニュートラルへの取組み

　地球の歴史を24時間に例えると，今は23時59分59秒に相当するそうです．また，産業革命が始まった23時59分58秒から1秒が経過したともいわれます．このわずか1秒の間に，私たち人類は，地球の持つ資源を消費し続け，地球を疲弊させ続けてきました．

　2019年の米国ニューヨーク州の国連気候行動サミットにおけるスウェーデンの環境活動家グレタ・トゥーンベリさんによる演説から5年が経過した現在でも，彼女の演説に応えられているとはいえません．その間，アフリカの干ばつ，パキスタンにおける国土3分の1の浸水，ベネチアの水没危機といった気候変動に起因する災害が世界の至るところで発生し，日本では平均気温の上昇による線状降水帯や大型台風の発生といった自然災害による被害を伝えるニュースが絶えません．このわずか1秒の間，世界の平均気温は約1.1℃上昇するなど地球温暖化が進み，さまざまな災害が世界規模で起きています．

　国内では，2020年10月，菅義偉 総理大臣（当時）が所信表明演説で「2050年までにカーボンニュートラルを目指す」と宣言して以来，地球環境保全の実現に向けて，多くの企業や人々がさまざまな活動を行っています．例えば，消費電力量の少ない家電製品の開発，工場内で発生する温室効果ガス（CO_2 など）の削減への取組み，地球上の温室効果ガスの排出量と植林・森林管理などによる吸収量と除去量を差し引いた合計をゼロにするという意味のカーボンニュートラル社会実現に向かったさまざまな活動が推進されています．しかし，その効果を2050年に実感できるためには，個々の企業の継続的な活動が必要条件であるとしても，十分条件ではありません．すべての企業や人々の協力による

1

第1章　方針管理を取り巻く経営環境

積極的な活動が絶対要件であることは間違いありません.

1.2　モノづくり変革に潜むリスク

　国内企業の多くは，中国，韓国，東南アジア諸国などの新興工業国との激しいコスト競争にさらされる中で，モノづくりの全工程を再検討し，大幅な生産性向上に努力しています．当然，新製品開発のリードタイム短縮も厳しく追求されています.

　新製品の開発期間を短縮できれば開発費用が軽減できることは間違いないのですが，行き過ぎた効率化や開発スピードの追求は，品質不正の触発や何か大きなものの喪失といったリスクを包含しています．季節ごとに新製品を発売しながら，メーカー希望価格で売れるのは発売後のわずかな期間で，後は泥沼の値下げ競争と乱売といった悲惨な状況に陥っている場合も見られます．「速く，速く」と，開発現場や製造現場の人たちの尻を叩くことで，現場は疲弊するばかりという悲しい状況になっていないでしょうか.

　企業経営においては，一見するとムダに見えるコストも，将来の発展に向けて大きな意味を持つことがあります．費用対効果を容易に評価できない研究開発・設計部門や営業部門などがその典型例でしょう．個々の活動における収益性を予測できない新製品開発や市場開発に優秀な人材を配置したり開発コストをかけたりするのは，ムダなことに見えるのですが，将来を考えると，それらは決してムダではないのです.

　企業は，一人では実現できない大きな夢や目標を多様な個性と才能に溢れるメンバーの集団的創造性によって実現することが求められます．「いまは個の時代」などといっても，どんなに個が強くても，集団の強さはその和ではありません．一人ひとりがモノづくりプロセスにおいて求められる顧客価値の創造と品質保証について本気になって考え，それを実現することが今まさに求められているのです.

1.3 モノ価値からコト価値へのパラダイムシフト

　企業は，その持続的成長を実現するため，顧客が望むものを，適切な価格で，必要なときに，必要な量だけ提供することが求められます．それには，図1.1 に示すように，ハードとしての物とソフトとしてのサービスを含めたモノに対する魅力的品質の創造と確実な品質保証が大前提となります．

　情報通信技術の革新によって，ほしいものを適切な水準で入手できる社会が実現し，物資とも豊かな社会が実現しました．その一方で，顧客ニーズと製品技術は永久に成長し続けるという楽観的なシナリオは終焉しました．また，モノづくりのデジタル化が急激に進歩し，藤本[4][5]のいう「すり合わせ(インテグラル)型技術社会」から「組合せ(モジュール)型技術社会」へとモノづくり現場が変化し，新興工業国とのコスト勝負の世界に引きずり込まれました．また，延岡[6]は，意味的価値という概念を提案しています．それは，図1.2 に示すように，モノづくりは「機能価値重視のモノづくり」から「意味的価値重視

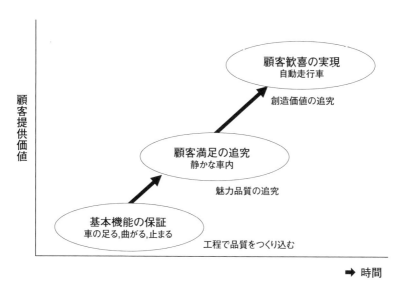

図1.1　顧客価値創造と品質保証のステップ

第1章 方針管理を取り巻く経営環境

のモノづくり」へとビジネス・モデルが変遷してきたとも説明しています.

それは,物理的機能を重視したモノづくりから顧客の体験価値や経験価値を重視したモノづくりへの転換でした.さらに,それはサービス・ドミナント・ロジック(Service Dominant Logic:サービス中心論理=企業が提供する商品を,「有形か無形か」「モノかサービスか」にかかわらず,すべての経済・経営

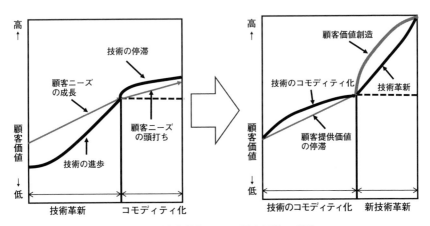

図1.2 技術革新による顧客価値の創造

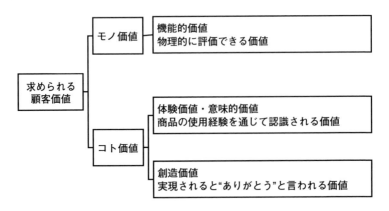

図1.3 モノ価値とコト価値

1.3 モノ価値からコト価値へのパラダイムシフト

活動を「サービス」として包括的に捉える考え方)[7][8] の提示によるモノ価値からコト価値へのパラダイムシフトでもありました(図1.3).

モノ価値からコト価値へのパラダイムシフトは，あらかじめ製品やサービスの価値が製品やサービスの中に埋め込まれていて，商品を購入あるいはサービスを享受したときに価値が顧客に移行するという考え方から，価値は顧客が商品を購入あるいはサービスを享受した後，埋め込まれた価値を体験・経験することによって芽生えるものであるという考え方へのパラダイムシフトでした.

故・松尾雅彦氏(カルビー㈱ 元代表取締役会長兼CEO)から，「人は幼少期に母親から与えられた食べ物の味を一生忘れないものだよ」という趣旨の話を伺ったことがあります．まさに至言です．また，一般財団法人日本科学技術連盟が2022年6月に主催した第113回『品質管理シンポジウム』に際して特別講演をお願いしたトヨタ自動車㈱トヨタ ZEV ファクトリー FC 事業領域 統括部長であった濱村芳彦氏から「トヨタが取り組む燃料電池技術によるカーボンニュートラル社会への貢献」という講話の中で，「2011年3月11日の東北地方太平洋沖地震で発生した福島第1原子力発電所事故によって甚大な被害を受けた福島県の再生への貢献」という話を伺う機会を得ました．そのお話の中で，「モノづくり企業が追究しなければならない価値は『実現すれば，顧客から“ありがとう”という言葉の返ってくる価値ではないか』，そのような価値の実現は，ひとりトヨタのみでは実現困難なことであり，それぞれの技術に優れ，志のある企業との協業の実現が必要であった」というお話を伺ったことがあります．これもコト価値なのでしょうが，体験価値や意味的価値とはレベルの違う「創造価値」とでも呼ぶべき価値なのではないでしょうか.

あるとき，某社のM社長から，「最近，“コト価値づくり”という言葉が流行しているけれど，昔の近江商人は『売手良し，買手良し，世間良し』という“三方良し”の理念の下で企業経営をしていた.

例えば，図1.4が示すように，信楽における甕職人が，自分でつくった甕をお客様にお届けし，お客様の声を聴き，それをもとに次の甕をつくることのできる職商人となるべく人材育成をしていたものですよ」という話を伺いまし

第1章　方針管理を取り巻く経営環境

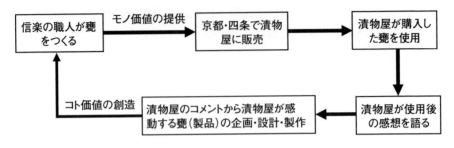

図1.4　職商人の世界

た．また，M社長から，「コト価値のあるモノをつくる環境を構築することが経営者の使命であって，"コト価値づくり"などと紛らわしいことをいう必要はないのでないか」と教えていただき感銘を受けたものです．

また，花王㈱の元代表取締役会長 常盤文克氏は，著書『コトづくりのちから』[9] の序文において，有名なレンガ積職人の話を紹介されました．それは次のような話です．

旅人が出会ったレンガ職人に「何をしているのですか」と順番に質問します．

聞かれた三人のレンガ職人のうち，一人目は「食べていくためにレンガを積んでいる」，二人目は「国で一番の仕事をしている」，三人目は「歴史に残る偉大な教会を建てている」と答えます．

「食べるために仕方なくやっている」一人目と「歴史に残る偉大な建築物を作っていると自負する」三人目では，やっていることは同じでも，モチベーションや仕事に対する誇りがまったく違います．

この話を紹介した後，常盤氏は，「人はお金や地位よりも自分の内部から湧き出るエネルギーを感じるとき，いちばんやる気が高まり，仕事にやりがいを感じます．一人ひとりの持つ潜在的なエネルギーをいかに引き出し，組織の力とするか．この集団の活力を飛躍的に引き上げていくマネジメントを，私は"コトづくり"と呼びたいと思います．」と述べ，「きらめく旗印を掲げて，その実現に向かって全社が一丸となって取り組めるような舞台をつくることが，

コトづくりなのです.」と述べています. まさに, M社長と常盤氏は, 経営トップが, 顧客にコト価値を提供し続ける基盤を構築することが"コトづくり"であると述べているのではないかと思います. そして, 彼らは「企業は, 魅力のあるモノの提供によって顧客から対価を得ることができるが, そのモノを創り出すのは"人"であり, 彼らの持つ知識・ノウハウである. したがって, 企業トップの究極のミッションは"人づくり"である」と述べられているように思います.

1.4　デジタル化が引き起こす創造価値の創出

これまでの完成品提供を生業とするモノづくりメーカー, 例えば, 以前の品質管理シンポジウムにおける特別講義で, 韓国のサムソン電子㈱の経営トップが"営業パーソンが顧客の生活空間に入ることで顧客ニーズの変化を探る草の根的活動"から得られる顧客ニーズの変化のタイムリーな把握による新技術の開発によって, 次々と新製品や新サービスを提供し, 成長し続けていると語っていました.

しかし, B2Bメーカーにおいては, 顧客が語ったり行動で示したりする知覚ニーズを製品化するというアプローチには限界があります. 顧客は知覚していながら語ることのない多くのニーズを認識しているものなのです. そうした語られることのない知覚ニーズに対する新製品・新サービス開発のアプローチとして, 筆者はGTE (推測:Guessと試作:Tryおよびその提示による顧客ニーズとの乖離:Error)アプローチ[10]というアイデアを提案していて, いくつかの企業において実践活用されています. また, 顧客の行動データや文献データに含まれる言語情報のビッグデータを共起ネットワークに代表されるテキストマイニングによって探ることで顧客ニーズを明らかにする手法も活用されています. さらに, コマツ(登記社名は株式会社 小松製作所)は, KOMTRAX(コマツが開発した機械情報を遠隔で確認するためのシステム)で知られるセンサーを埋め込んだ製品の稼働情報を活用し, 顧客の困りごとを把握してその解

第1章　方針管理を取り巻く経営環境

決を図ることで，魅力的な顧客価値を持つ製品を開発し，成功を収めています．

　デジタル化が進むと顧客のニーズも変化します。例えば，自動車に乗って運転することなく目的地に到達できるようになると，顧客が自動車の運転ではなく，それまでの自動車運転中の困りごとから解放されて，移動中に顧客が望むことを発想し，これを実現し，提供するということが求められるようになってきます．顧客が気づいていないニーズを発想し，その実現によって顧客が獲得できるモノを使うことで得られるコト価値でもなく，モノが使用される文脈を理解することで認識される創造価値とでも言えるような価値の提供が求められているのです．

　そこでの創造価値提供を実現するためは，これまでのモノづくりをベースとしたサプライチェーンによる価値提供だけでは不十分であって，新たなメンバーを加えたエコシステムの構築が必要となります．

　モノをつくり提供している製造業が，IoT によって，KOMTRAX のように，そのモノがどのような環境下で，どのように使われているかなどといった情報を取得できるようになってきました．また，これらの情報を用いることで，顧客と一緒になって，よりよい，より高い価値をつくるサービスを提供することも可能になって来ています．売り切り型のビジネス・モデルから発想を転換するベースが生まれてきているのです．すなわち，新たな DX（Digital Transformation：デジタルトランスフォーメーション＝企業がデジタル技術を活用して業務プロセスやビジネスモデルを変革し，競争上の優位性を確立すること）化が製造業の新しいタイプのモノづくりビジネスへの入り口を提供しているのです．

　デジタル化の時代に，製造業が競争優位を維持し続けていくためには，このモノづくりにおける DX 化の考え方が1つの鍵であり，そのことに対する対応が待ったなしの状況になっています．従来の維持向上や改善では克服できないドラスティックな革新が求められているのです．

　以上，日常管理の範囲を超えた全社一丸となった方針管理の推進が求められる企業環境について述べてきました．次章では，方針管理推進の目的と問題点について考えてみたいと思います．

8

第2章

方針管理推進の目的と問題点

　方針管理は，企業経営活動において，品質を中心とする原価，生産性，安全性などの諸機能に関する企業の理想的な姿を示し，適切な期間（長期，中期，年度，四半期）ごとに PDCA（Plan-Do-Check-Act）サイクルを繰り返して目標を達成する仕組みです．

　また，方針管理は"品質第一"，"目的志向"の考えを基礎として，業務や業務プロセスの質を評価し，経営目標を効果的かつ効率的に達成するための手段でもあります．

　さらに，方針管理は，経営トップから全社員までが一丸となって取り組むことにより，既存の経営資源（人的資源，物的資源，財務的資源など）を効果的・効率的に活用する能力と，業務プロセスを通じて新たな仕組みを構築する能力，すなわち組織能力の育成・強化を狙った活動でもあります．

2.1　方針管理推進の目的

2.1.1　方針管理による持続的成長

　企業は，さまざまな経営環境の変化に対して，全社一丸となって，果敢に挑み続けることによって持続的成長を成し遂げることができます．もし，現在の状態に満足し変わることを忘れば，図 2.1 が示すように，競合他社によって追い抜き追い越され，現状のあるべき状態から退化した状態に陥るでしょう．

　そのため，後工程はお客様の考えの下に，5S（整理・整頓・清掃・清潔・躾）や 3 定（定品・定位・定量）をベースとして，ムダや異常など，職場の問題点の発生原因を追究し，それを管理者・スタッフが QC サークル活動と一緒になった維持活動と再発防止活動からなる日常管理活動の推進によって企業レベルの

第2章 方針管理推進の目的と問題点

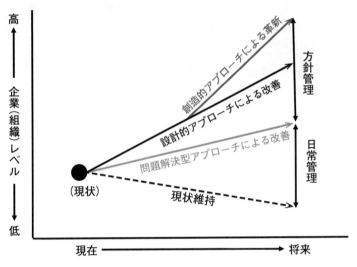

図 2.1 方針管理による改善と革新

退化を防止しています.

しかし,そうした日常管理活動を行うのみでは,職場の状態を維持管理することはできても,企業を取り巻く社会・経済・政治の環境に追随することはできません.特に顧客ニーズや競合他社の動向の変化に対する迅速な対応を求められますが,これに対応できない企業は競争力を失う可能性があります.あるべき状態やありたい状態に向かって改善・革新し続ける歩みを止めることはできないのです.顧客が求めながら語ることのない顧客ニーズや顧客が認知できていない未来のニーズを実現するためには,革新的な新製品開発活動や新技術開発活動を積極的に展開する必要があります.

日常管理活動における現状の仕事のやり方や業務プロセスを前提とした維持管理活動に加えて,あるべき状態やありたい状態に向かって現状打破を指向する重点的な改善(革新)活動を推進する必要があるのです.この後者の活動が方針管理活動であり,企業の持続的成長を確実にするうえで欠くことのできない活動なのです.

2.1.2　新QC七つ道具の紹介

　方針管理の推進において重要な役割を果たすものとして言語データの活用があります．そのため，本項では新QC七つ道具について簡単に紹介しておきたいと思います．詳しくは参考文献[11][12][13][14]を参照してください．

(1)　親和図法

　私たちが社会調査，市場調査，文献調査において獲得できるのは，物事に対する事実，事実にもとづいて人々の語る意見，事実や意見などから得られる発想や推測などの言語情報です．これらの言語情報を短文(これを「言語データ」といいます)に表現したとき，それら言語データ間の親和性(なんとなく似ているという印象)にもとづく情緒的，感情的な右脳思考によって親和カードを作成する．親和図法は，この操作を繰り返すことで多数のオリジナル言語情報が語る未来像(あるべき姿やありたい姿)を洞察する手法であり，経営トップの方針策定において必須のツールです．

(2)　連関図法

　私たちが直面する問題の解決や目的の達成を阻害している要因は互いに輻輳したものによって構成されています．連関図法は，その問題(目的)に対する要因(手段)を1次要因(手段)←2次要因(手段)←……と矢線で結びながら展開することで重要要因(手段)を発想するものです．問題に対するものを「要因展開型連関図」，目的に対するものを「方策(手段)展開型連関図」ともいいます．

(3)　系統図法

　価値工学(VE：Value Engineering)における機能展開図(Function Deployment Diagram)を応用して，方針(目的)の達成手段を1次→2次→……と逐次発想することで，抜け落ちのない方策を検討するうえで必須のツールが系統図法です．末端の手段群から最適手段を選定するために，「有効性」「実現性」

第2章　方針管理推進の目的と問題点

「経済性」「リスク」などの評価基準を併用することもあります.

(4)　マトリックス図法

マトリックス図法とは，問題と原因，目的と手段などの2つの特性を「行」と「列」に配置したマトリックス図を作成する手法です．それぞれの構成要素間の関連に注目して問題解決のために考慮すべき点を発想するものをL型マトリックス図といいます．問題—原因—手段からなるT型マトリックス図なども用いられます.

(5)　アロー・ダイヤグラム法

アロー・ダイヤグラム法とは，生産管理計画や作業日程計画の効果的な作成に用いられるPERT(Program Evaluation Review Technique)やCPM(Critical Path Method)をベースとしたものです．方針達成のための方策の詳細な実施計画を作成するために必須のツールです.

(6)　PDPC 法

PDPC 法とは，近藤次郎[15]により，1969 年に勃発した東大紛争の早期解決を実現するアイデアとして開発された OR 手法である過程決定計画図(Process Decision Program Process Chart)法のことです．研究開発・設計部門や営業部門などにおいて，方策実施において遭遇する不測事態にあらかじめ備えた実施計画を作成するために必須のツールです.

(7)　マトリックス・データ解析法

マトリックス・データ解析法とは，新 QC 七つ道具の中で唯一数値データを活用する手法であり，多変量データ解析法の主成分分析法に相当します.

2.1.3　方針管理による人材育成

企業トップの方々に全社的品質管理(TQM)活動を導入・推進する目的を伺

うと，まず間違いなく「企業体質の強化」という答えが返ってきます．そこで，「企業体質の強化の目的は何か」と問うと「社会的責任の達成である」という答えが返ってきます．さらに，「企業の社会的責任(CSR)とは何か」と問うと「顧客満足(CS)，従業員満足(ES)やSDGsの達成である」という答えが返ってきます．

納谷[16] は，企業の社会的責任とは「顧客，社会，社員に愛されることである」といっています．

具体的には以下のようなことを指します．

① **顧客に愛されること**：顧客ニーズに適合する製品やサービスを，適切な水準で，必要なときに，必要な量だけ，提供し続けること．そのことにより，顧客の信頼が得られ，顧客に愛されること．

② **社会に愛されること**：地球環境を考慮した経営によって，その企業が存在することにより，協力企業，地域産業，ひいては地域社会の発展に寄与すること．そうした活動を通じて，地域社内に愛され，また適正な配当を行うことによって株主に愛されること．

③ **社員に愛されること**：企業に働く人々が，その企業で働くことにより良き社会人に，良き企業人に育ちつつあること，および育ったことを自覚し，それらの人々がこれを喜び感謝してもらえること．

筆者も「企業が顧客，社会，社員に愛される」という教えは本質をついたことであると思います．"社員に愛される"ために"人材を育成すること"が企業の社会的責任であると考えます．社会・経済・政治の情勢や競合他社動向がどんなに変化しても，その変化に迅速に対応するために必要なのは企業の人間力，技術力，現場力からなる組織能力であり，その根源にあるのが人材の育成なのです．

企業が内外の環境変化や顧客ニーズの変化に的確に対応するためには，**図2.2** に示す実践的な経験や専門的な知識による技術に加えて，それらを実践的に活用することで人や組織に内部留保される技能，そしてその実践活用を通じて蓄積されるノウハウが必要となります．

第2章　方針管理推進の目的と問題点

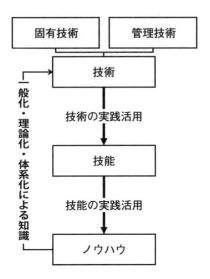

図 2.2　知識・技術・技能・ノウハウ

　技術には，数学や物理学をベースとした機械工学，電気工学，情報通信工学など，それぞれの分野における専門的な知識(固有技術)があり，これらの知識を効果的・効率的に活用するための実践経験を通じて習得された管理技術があります．そして，これらの技術を実践活用する中で人や組織に内部留保される技能があり，その技術・技能は実践活用を通じてノウハウとなります．さらに，このノウハウを一般化，理論化，体系化することで新しい知識が誕生するのです．

　したがって，企業には，一般化，理論化，体系化された専門的な固有技術および管理技術に対する計画的な学習機会を設定し，そこで得られた知識を知能につなげる場を提供し，その場を通じてノウハウを涵養できる人材の配置を含めた人事戦略や品質マネジメントの構築が求められます．

　企業には，事業別戦略や機能別戦略などのさまざまな戦略がありますが，それらの戦略の基盤となっているのが人材育成を狙う人事戦略であるといっても過言ではありません．

2.1.4 方針管理推進による人の体質強化

　方針管理を導入・推進している企業のトップが期待しているのは，「企業体質の強化」，すなわち「組織能力の強化」と「人材育成」です．特に，納谷[16]が指摘するように，方針管理活動の推進によって強化したいことは，以下のことを実現できる体質を持った人材を育成することなのです．

　(1)　あるべき状態を明確にできる体質

　(2)　本当に重点指向できる体質

　(3)　本当の問題を把握できる体質

　(4)　プロセスを重視できる体質

　(5)　標準化を行うことのできる体質

　(6)　積極的に変えることのできる体質

　以下，順次説明していきます．

(1)　あるべき状態を明確にできる体質

　「私には，特に問題はありません」という人がいたとしも，よりよい状態(ありたい状態やあるべき状態)を指向させることはできます．また，人は与えられたテーマの解決を命じられるよりも，よりよい状態の実現を目指すほうが，多くのアイデアを発想できるものです．

　「QC サークル活動が停滞して困っている」という話は多くの企業で聞かれます．ある会社の QC サークル推進事務局は，サークルリーダーやメンバー，あるいは課長や工長，組長などの直接上司にアンケートをとることで，QCサークル活動が停滞していることの原因を究明し，種々の対策を実施しているけれど，うまくいかないと悩んでいました．そこで，「QC サークルリーダーやメンバーには，職場をよりよい状態にしたいという欲求があるのではないのですか．例えば，職場における困りごとを解決して，明日も来たくなる会社にしたいという欲求があるのではないですか」とコメントしました．これに対して，社長が「品質，原価，生産性，安全などの経営目標を達成してもらうのはありがたいことであるが，リーダーやメンバーが，その職場が元気になって

第2章　方針管理推進の目的と問題点

くれることのほうがもっとありがたい．一度，サークルリーダーやメンバーに
"困りごと"をあげさせてみてはどうか」と指示．推進事務局が困りごとアン
ケートを行ったところ，驚くほど多くの意見が出て，その困りごとの解決にも
とづくよい状態の実現をテーマとしたQCサークル活動の推進を仕掛けたとこ
ろ，QCサークル活動が見違えるほど活性化したという話を聞いたことがあり
ます．

(2)　本当に重点指向できる体質

　重点指向という言葉は品質管理活動において繰り返し強調されています．
部・課長が方針管理を実行していく中で，部下からあげられてくる問題はたく
さんあります．そうした多くのものの中から重点問題を設定するためには，何
が重点であって，何が重点でないかを見きわめることが必要となります．しか
し，その見きわめを行うための判断指標には，テーマの効果，納期内に完結す
るかどうかの実現性，必要な経営資源（ヒト，モノ，カネ，情報など）の確保の
容易さなどに加え，その問題を解決することによって発生の懸念されるリスク
の有無や程度など，多くのものが存在します．しかも，そのそれぞれに対する
重要度は問題ごとに異なっていることから，最後は部・課長たち管理者の決断
力が試されることになります．

　ある会社におけるプロジェクト推進に参加したとき，99％は解決できたのに
最後の1％が未解決であったためにプロジェクトが頓挫したという経験があり
ます．一般に，プロジェクト活動や問題解決活動の推進においては，比較的や
りやすい部分から実施し，本当に困難な部分を後回しにする傾向があります．
また，多くの実施項目があるとき，本当に困難が予測される問題は実施項目の
一部にすぎなくて，しかもそれらが解決できないとテーマは完結しないという
ことがあります．

　日常管理で扱うテーマであれば，遅くとも対策完了までに数カ月，早ければ
数週間で決着のつくものが多いものです．しかし，方針管理で扱うテーマは，
遅ければ数カ年の期間を必要とするものさえあります．そのような長期間にわ

16

たるテーマの解決を推進する際には，経営トップを含めた部門統括責任者が，テーマ推進計画段階において，どこにどんな困難が予想されるのかを十分に予測し，最初からそのテーマ達成の可能性を高めてゆくことが必要になります．

このように，数カ年にわたるテーマ解決における重点指向とは，効果のある対策の中で何が実現困難な実施項目であり，その項目の解決を阻害している要因は何か，そしてその要因を解決するためにはどのような手順を踏まなければならないかをPDPC法によって検討することの重要性を実感したものです．

（3）　本当の問題を把握できること

本当の問題が何であるかわかっていれば，部門一丸となった努力によってその問題を解決できるかもしれません．しかし，顧客要求が多様化・複雑化し，また社会が目まぐるしく変化する中で，得られたさまざまな情報から社会や顧客の本当のニーズを把握することは容易ではありません．機械学習や自然言語処理あるいは生成AIなどの人工知能（AI）が人間の処理能力を超える時代が来ているといっても，あなたの企業を取り巻くさまざまな情報と入手できる範囲のあらゆる情報をコンピュータプログラムに教えても，「我が社が他社を凌駕できる競争力のあるよい技術とは何か」や「これからの我が社において求められる品質保証のあるべき姿とは何か」といったことに適切な答を得ることは難しいでしょう．時代が急激に複雑化する中であるからこそ，一人ひとりの発想力，創造力を結集することで，将来のあるべき姿を描き，顧客ニーズや開発テーマを浮き彫りにする必要があるのです．

話が少し一般的になってしまいましたが，営業本部長から「20XX年までに，市場Aにおける新規顧客の10社獲得」という方針が出た場合，その市場の担当営業部長X氏の本当の問題は何でしょう．本部長方針に従って，新規の顧客獲得に奔走しても，その間に既存顧客をライバル他社に奪われたのでは目も当てられません．トップが新規顧客の獲得を方針とする背景には，既存顧客の確保を含め多数の前提条件があるものです．本部長方針が「新規顧客の獲得」ということの真の意味を考えなければ大失敗を犯してしまいます．

第2章　方針管理推進の目的と問題点

　新規顧客の獲得といっても，技術部門や生産技術部門の開発能力あるいは生産部門の生産能力を無視した受注活動を行っていると，厳しい顧客仕様への対応による技術部門の技術力不足や製造段階における品質不良の多発など，思ってもいなかったトラブルが引き起こるかもしれません．もしも，試作試験におけるデータの捏造や検査記録の改ざんといったことになれば，会社の存続を脅かす大問題になってしまうかもしれません．

　営業本部長方針にある「新規顧客獲得10件」という目標と方策を実現するために営業部長X氏が本当に解決すべき課題は，技術部，生産技術部，製造部，品質保証部などの有機的な連携を図ることです．しかし，「言ったけれど，伝えたけれど，なかなかやってくれない」という泣き言になる可能性は想像に難くないでしょう．結局，営業部長X氏の本当の問題は，「関連する多くの部門を有機的に動かすために何が障害になっているかを明らかにしたうえで，部門間連携を図ること」にあるのです．

　そのためには，営業部長X氏に加え，技術，生産技術，製造，品質保証の部門トップによる「関係部門を有機的に連携させるには」をテーマとした方策展開型連関図や系統図を活用した方策の発想を行うことが有力な方法です．実際，この会社では**図 2.3**の方策展開型連関図を活用することによって，次の4つの重点方策を導き出しています．

① 　技術部，製造部，営業部が一枚のQFDを共有する．

② 　試作試験において意地悪テストを実施する．

③ 　開発プロセスの見える化ができる進捗管理システムを整備する．

④ 　QC工程表(製品・サービスの生産や提供についての一連のプロセスを図表化して，プロセスの各段階で，誰が，いつ，どこで，何を，どのように管理すればよいかをまとめたもの)による工程品質保証度を確保する．

　しかし，営業部長が主となって担当できるのは「①技術部，製造部，営業部が一枚のQFDを共有する」という課題であり，②〜④の課題は関連する部門において解決されるべき課題です．そうすれば，営業本部長は「20XX年までに，市場Aにおける新規顧客を10社獲得する」という方針を出すだけではな

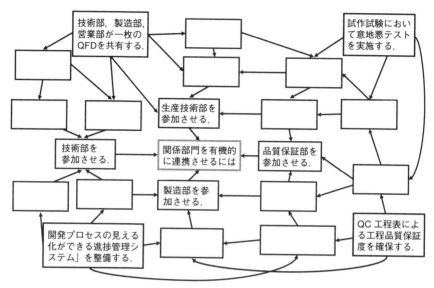

図2.3 「新規ユーザーを獲得するには」に対する方策展開型連関図

く,技術,生産技術,製造,品質保証,営業などの関連部門に対する部門間調整を行うということに対してリーダーシップを発揮しなければならないということになります.

(4) プロセスを重視できる体質

　新規顧客を獲得できたからといって,方針管理活動における営業部長X氏の活動結果がよかったというわけではありません.もし,そうであれば,目標とする新規顧客を獲得できなかった場合には,すべて悪かったということになってしまいます.

　方針管理の推進が失敗する原因の1つは,この結果のみの評価,いわゆる結果主義に陥っていることにあります.営業部長X氏の重点実施項目である「部門間連携を促進する」を妨げているのは「失敗した場合に責任を追及される」ことを心配するところにあります.その結果,営業部長方針「20XX年ま

第2章　方針管理推進の目的と問題点

でに技術，生技，製造，品質保証の部門間連携を促進する」ことを担当課長へ
展開という責任転嫁に陥ってしまうことになります．

　営業本部長A氏や営業部長X氏が中心となって実施するテーマで，彼らが
リーダーシップを発揮して推進すれば，仮に100点満点を取れなかったとして
も，合格点は得られるはずです．方針管理の推進が，大学入学試験のように合
格と不合格の2水準であると考えるところに方針管理推進の失敗原因が潜んで
います．営業本部長A氏と営業部長X氏が強いリーダーシップによって，方
針を推進すれば，その課題達成プロセスには蕾が芽吹き，花が咲いているもの
です．

(5)　標準化を行うことのできる体質

　筆者は，関連する企業において繰り返しお願いしていることがあります．そ
れは「うまく行ったときの成功要因は何であったか」を明らかにすることで
す．品質管理では「失敗原因を究明し，その発生を再発防止・標準化する」と
いう考え方が深く沁み込んでいるため，「悪さ加減の撲滅」という方向に動き
やすい傾向があります．この「悪さ加減の撲滅」ということも大切な考え方で
あることは間違いないことです．しかし，組織能力を強化するという意味で
は，うまく行ったときの成功要因を究明し，これを標準化・仕組み化すること
が強調されるべきではないでしょうか．新製品開発に成功したとき，新製品の
立ち上げに成功したとき，新規顧客の獲得に成功したとき，それらの成功要因
を究明することが，失敗原因の究明にも増して大切なのです．

　しかし，失敗原因の場合と違って成功要因の究明は難しいものです．それ
は，ある目標を達成しようとするとき，考えられる一連の方策を細部展開し，
それら細部展開された実施策を詳細展開したうえで，進捗過程を時間軸に沿っ
て記録することがなされていないからではないかと思います．営業部門に限ら
ず，多くの部門において，目標達成のシナリオは頭の中にあるといって，図的
に可視化しない方が多いものです．しかし，頭の中で複雑なプロセスを描いて
いると，大切なことが抜け落ちてしまうものです．具体事例を紹介することは

2.1 方針管理推進の目的

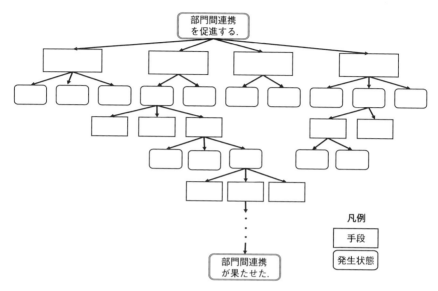

図 2.4 方策実施・発生状態の連鎖を表す PDPC

できませんが，図 2.4 のような PDPC 法を使ったプロセス未然防止法が活用できます．

(6) 積極的に変えることのできる体質

　QC サークル活動の場合には，現在の作業標準手順書や作業マニュアルの不備を改善することで，不良率を低減できたとか，製造コストを下げられたという話をよく聞きます．しかし，標準を遵守し，同じ組織で，同じ人が，同じシステムで，同じ機械や治工具で，同じ方法で仕事をして，不良率が飛躍的に減少したとか，コストが大幅に下がったという話は聞きません．

　トヨタ自動車の元副社長 佐々木眞一氏がイギリス駐在時に社員のやる気を向上させようとしたとき，「八百屋の親父はなぜ元気か？」にヒントを得て発想したマネジメントの手法は自工程完結（JKK）として知られています[17]．それは，日々の業務を以下のように分類し，仕事の目的を認識し，ムダの削減を

21

第2章　方針管理推進の目的と問題点

図り，生産性を向上しようとするものです．

① 後工程に価値を提供している価値提供業務

② 価値提供業務ではないが，価値提供業務を行ううえで必要と思われる支援業務

③ それらとはまったく関係しないムダな業務

自工程完結を実践するためには，(A)顧客ニーズの明確化，(B)自らの顧客価値提供業務プロセスの詳細展開，(C)各プロセスの上記①〜③の視点による評価という手順が必要になるため「言うは易く行うは難し」となって，実際の活用は容易ではないようです．

しかし，自工程完結は，次の3つを実現することで，品質と生産性を向上することを指向した優れたマネジメント手法です．

1) まったく価値提供に関係のないムダな業務を止める．

2) 支援業務のやり方を工夫して業務を減らす．

3) 価値提供をしている業務は，さらなる価値提供につなげるべく業務を変える．

現在の仕事をより付加価値が高いものにする考え方の1つは"変える"ということです．新しいメリットを創造するためにも，従来とどこか違うやり方に変えることが必要になります．また，業務プロセスを改善するためには変えることが必須なのです．とにかく，変えることが大切なのです．部課長スタッフは「何を変えるべきか」を常に考えることが大切であるといっても過言ではないのです．

しかし，何かを変えると，思わぬ失敗も起こります．例えば，工程管理システムの変更によって品質トラブルが起こるかもしれません．仮に，そうであっても，変化を起こさないと改善は望めません．環境は変化しているのです，それに対応するためには仕事のあり方を変えざるを得ないのです．変えることのメリットとデメリットを十分に把握したうえで，積極的に変える勇気を持ちたいものです．

(7) 方針管理推進による人材育成の場づくり

人の評価を行うとき，人事関係の分野で有名な評価方法に表 2.1 に示す「人財」「人材」「人罪」「人在」という用語があります．

この表 2.1 は，品質管理の世界では，Four Students Model として多くの TQM 推進企業が活用するようになっているもので，その名前のほうがよく知られるようになってきています．

方策が完了&目標達成した人は「人財」（会社の財産・宝となる人），方策は完了&目標が未達成の人は，方策に対するやり方を工夫すれば目標達成の可能性があるという意味で「人材」，方策は未完了&目標は達成という人は，運がよかった，あるいは追い風が吹いただけの人であって，このような人が組織の中に蔓延すると組織の成長は止まってしまう罪ある人という意味で「人罪」，方策が未完了&目標が未達成という人は，組織の中にいるだけで組織運営にはまったく貢献しない人なので「人在」であるという考え方です．

「人罪」や「人在」の人を解雇するという安易な方法では，企業は成長できません．こうした人を「人材」に，そして「人財」にするための人材育成が大切なのです．以前，デンソー㈱の岡部信彦 元会長に日本品質管理学会・関西支部主催の講演会において「デンソーにおける人づくり」の話を伺う機会がありました．その際，「岡部会長さん，大学の学生の場合には定期試験によって，学生が講義内容を理解したかどうかを把握していますが，会長さんは，どのようにして人材育成の効果を確認されていますか？」という趣旨の愚問を問いか

表 2.1　人財，人材，人罪，人在

		目標	
		達成	未達成
方策	完了（達成）	人財	人材
	未完了（未達成）	人罪	人在

第2章　方針管理推進の目的と問題点

けたことがあります．これに対して，岡部会長は「企業における人材育成の効
果は上司が把握しています．それは，上司が社内外における教育成果の活用の
場を提供しているからです．もし，教育効果を把握できないという上司がいた
ら，彼は活用の場を提供できていないことになり，上司失格です．」という趣
旨の話を伺いました．まさに，「品質づくりは人づくり」を標榜する会社の会
長だからこその至言です

①　QC サークル活動による場づくり

　人材育成で大切なのは「教育研修内容を実践活用できる場の提供」です．第
一線の職場における QC サークル活動では，職場の困りごとの解決をテーマと
して取り上げ，QC 七つ道具，新 QC 七つ道具，統計的検定・推定などの QC
手法を活用しています．仕事を通じた職場内の相互学習である OJT，社内外
での O^{FF}JT，個人学習の成果を QC サークル活動の中で活用しているのです．
QC サークル活動は，「人罪」や「人在」と評価される可能性のあるメンバー
を「人材」へ，そして「人材」を「人財」へ育成する優れた場なのです．経営
トップや部門の管理者は，積極的に QC サークル活動を支援する「場づくり」
を行う使命があると言えるでしょう．

②　技術者・スタッフの統計的品質管理(SQC)手法活用の場づくり

　QC サークル活動における実践の場づくりとは異なり，技術者・スタッフに
おける実践の場は，与えられた業務課題の遂行の場です．しかし，その場にお
ける学習内容は知識，技術，ノウハウの実践の場であり，管理技術の実践の場
としては不十分です．

　技術者・スタッフの多くは，管理技術を活用しなくても業務課題を解決でき
ると考えているため，知識，技術，ノウハウを効果的・効率的に活用するため
の管理技術を軽視する傾向があります．例えば，ある技術テーマを解決するた
めに有効と思われる 5 つの重要要因がある場合，各要因に対する最適水準を求
めるために，2 水準の表示因子 1 個と 3 水準の制御因子 4 個がある実験を行う
と，$2 \times 3^4 = 162$ 回の実験が必要となります．しかし，この実験を擬水準法に
よる $L_{27}(3^{13})$ 型直交表[18]あるいは $L_{18}(2 \times 3^7)$ 型混合直交表[19]を使って行うと，

実験回数は162回から27回あるいは18回に激減させることができます．技術者・スタッフに対するSQC専門委員会や〇〇先生指導会などの名称で実践研修の場を提供している企業もありますが，経費節減の大号令の中で中止しているところもあります．今一度考えてみてはどうでしょうか．

③ TQM推進が部課長・役員に対する実践の場づくり

TQM推進の中で，「製造原価〇〇〇億円の低減」という重点課題が取り上げられると，これを解決するためには，設計，設備，製造，予算部門などの連携が必要となります．このテーマを解決するためには，図2.5のように，技術部門は生産技術の確立，設備部門は生産設備の設計，経理部門は改造費の予算化，購買部門は生産設備の購買金額の低減，そして製造部門はQC工程表や作業標準の作成とそれによる作業員に対する教育の実施など，多くの部門の協力が必要になります．

こうした部門間の連携や調整を実施するのは製造本部長の使命であり，その調整の中で発生した阻害要因を解消するのは担当部門トップの使命です．すなわち，方針管理を推進することによって，担当部門トップや関係部門の部門長

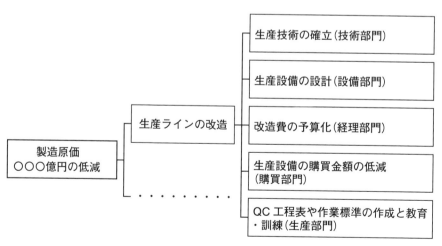

図2.5 生産ライン改造のための重点課題

第2章　方針管理推進の目的と問題点

が課題達成の実践の場に置かれるのです.

　デミング賞に向けた TQM 推進をお手伝いしていたとき，社長から「先生の指導会のおかげで次の役員候補がわかりました」という声を聞いたことがありましたが，まんざら嘘ではないと思います.

(8)　方針管理が実践できている組織とは

　方針管理を導入・推進するために必要なことは何でしょう. 図2.6 は，これを1枚の連関図で示したものです.

　ここで注目してほしいのは，この図2.6 には最終ゴールはなく，「すべての項目が目的であり方策(手段)である」ということです. すなわち，方針管理を導入・推進するためには，これらの要素のすべてを実践することが求められるということです.

　方針管理が実践できている組織とはどんな組織でしょうか. 図2.7 の系統図において「方針管理の実践に関する重要事項」を考えてみました. 具体的に考えてみましょう.

①　経営トップがリーダーシップを発揮している

　企業には，業績の好不況にかかわらず競争に打ち勝つために強化しなければならない弱みがあります. また，社会・経済・政治などの情勢変化や競合他社の動向を考えるとき，解決しなければならない課題があります.

　経営トップにある人々は，企業内外にある情報を収集・分析することで，全社員に対して向かうべき方向(目標)を示し，その目標を達成するための方策を社長方針として提示したうえで，先頭に立って，その方針の実施計画にもとづく PDCA サイクルを確実に回す使命があります.「我が社の方針管理活動は製造部門でうまく PDCA サイクルが回っているのに，営業部門，研究開発部門，人事部門，総務部門，経理部門などでは PDCA サイクルが回らない」という嘆きを方針管理の推進に携わる方から聞くことがありますが，それはトップのリーダーシップが不足していることの証なのです.

2.1 方針管理推進の目的

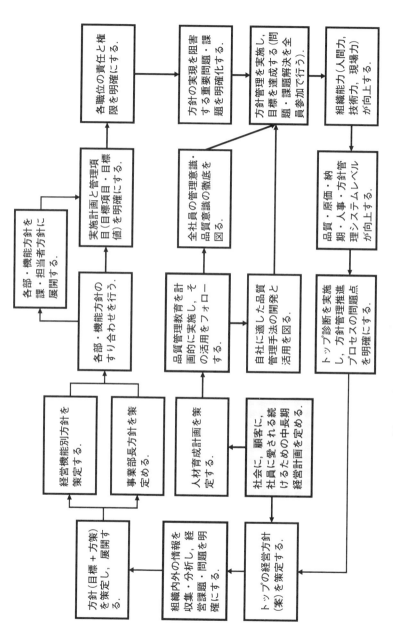

図 2.6　方針管理の推進・導入に必要なこと

第2章 方針管理推進の目的と問題点

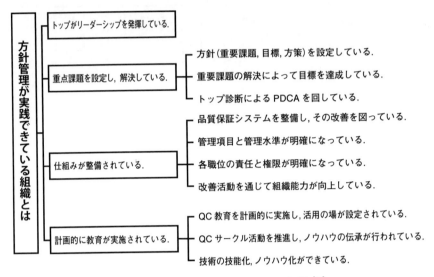

図 2.7 方針管理が実践できている組織[20]

　そうしたトップの方には，一般財団法人 日本科学技術連盟が主催している役員のためのエグゼクティブセミナーや役員のための品質経営セミナーなどを受講されることを推奨したいと思います．また，デミング賞やデミング賞大賞を受賞された企業のトップを招き，講演を伺うことを検討されるとよいでしょう．

② 重点課題が設定され解決した経験がある

　社長方針や部門長方針を達成しようとするとき，それを阻害する要因は多数あります．ある意味で，方針管理とは，そうした阻害要因を明らかにしたうえで，企業や組織の叡智にもとづく対策案を発想し，それを部長方針→課長方針→係長方針と展開したうえで，担当者による実施計画を作成し，PDCA サイクルを確実に回すことです．

　ここで，重要なのは，部門責任者の立場にある人が，そうした課題や問題を解決した経験を持っていることです．1つしか正解はないが正解のあることがわかっている問題を，保有する知識，技術，ノウハウを活用して，軽やかに答

えられる優秀な人であっても，正解があるかどうかもわからない，解決の糸口さえもわからないような問題を解決できるとは限りません．そこには，「三人寄れば文殊の知恵」が求められます．

経営責任者には，問題解決に必要なメンバーからなるプロジェクトを編成し，プロジェクトリーダーの強いリーダーシップで困難な課題に果敢にチャレンジすることが求められます．問題解決の阻害要因を明らかにし，1つひとつの阻害要因を解決可能な問題に分解したうえで，一連の問題解決策を PDPC 的に展開することによって，問題解決に成功した体験が重要なのです．

少し自慢話になりますが，大学院の院生だったとき，指導教授から大きな研究テーマをいただいたことがあります．テーマ自体の中身もよくわからないまま研究をスタートし，暗中模索の日々が続きました．そんなあるとき，日本科学技術連盟の大阪事務所で研究されていた QC 手法開発部会(故・納谷嘉信 大阪電気通信大学名誉教授が部会長)に参加させていただき，PDPC 法を知ることができました．PDPC 法の中身を十分に理解していたわけではありませんでしたが，研究テーマを完成させるために，何を，いつまでに，どうやって研究するかという PDPC を作成した結果，博士号につながる一連の研究成果を得ることができたと思っています．

③　仕組みが整備されている

方針管理を推進することの利点は，よりよい仕事を行うことのできる業務標準，作業標準，技術標準などの標準が制定されることです．全社的に活動しなければならない新製品開発，品質保証，人材育成などを抜け落ちなく行うための新製品開発体系図，品質保証体系図，人材育成システムなどの仕組みやシステムが構築されることです．

方針管理活動を行うことによって，年度社長方針や部門長方針において取り上げられた重点課題に，多くの関連組織が一丸となって取り組むことになります．その結果，品質保証体系図や新製品開発体系図が組織活動に整合していない不具合が顕在化され，各種標準や各種体系図あるいはシステムに魂が入り，生きた標準や体系図あるいはシステムが整備されます．そして，**図 2.8(a)** のよ

第2章　方針管理推進の目的と問題点

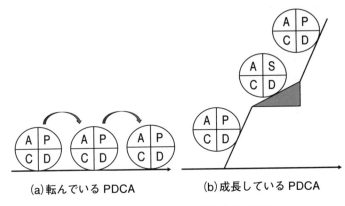

図2.8　転がるPDCAと成長するPDCA

うに，やってはしくじる「転がるPDCA」から，図2.8(b)のように，次々と階段を登る「成長するPDCA」へと管理のレベルが向上するのです．

④　教育が実施され実践されている

重点課題は無手勝流では解決できません．必要なQC手法や固有技術あるいは管理技術の教育を行い，さらにその教育結果が重点課題の解決に活用されなければいけないと説明しました．これは重点課題の解決のみでなく，標準化においても同様です．

人材育成の基本は，2.1.4項「(7)方針管理推進による人材育成の場づくり」(pp.23～26)で述べたように，O^{FF}JT，OJT，自己自習による学習と，学習即実践の場の提供が鍵です．実践の場づくりは，経営トップや部門トップの重要な使命です．中国の古典『礼記・第四十四編』[21]に「学びて然る後に足らざるを知り，教えて然る後に苦しむを知る」ということわざがあります．それには，次のような意味があります．

- 学びて然る後に足らざるを知り：学ぶことで初めて自分の知識や経験が不足していることに気づく．
- 教えて然る後に苦しむを知る：人に教えることで初めて，自分の未熟さや教えることの難しさを実感する．

このことわざは，学び続けることの重要性と教えることを通じて自分自身も成長することの大切さを教えています．

QCサークル活動では「相互啓発」という言葉を大切にしています．それは，野中郁次郎氏と竹内弘高氏[22]による個人の知識や経験を組織全体で共有し，新たな知識を創造するフレームワークであるSECIモデルに通じるものです．

以上，①〜④が方針管理を機能させるために必須な要素であると述べました．①トップのリーダーシップの下，②重点課題の設定と解決，③仕組みの整備，④教育の実施がセットとなって推進されていることが大切なのです．

⑤ **日常管理と方針管理は車の両輪**

TQMは，図2.9で示すように，企業体質の強化，すなわち組織能力の強化と人材育成を狙った活動です．

多くの企業は，現状の維持活動とロスや3ム（ムダ・ムラ・ムリ）に対する改善活動に加え，身近な問題点の顕在化による改善活動を実践しています．言い換えると，よりよい状態へと職場を向上させるために日常管理を行っているのです．具体的には，職場における不具合の真因，失敗原因の究明による再発防止や，成功要因の標準化を行うことで，よい状態を維持しています．

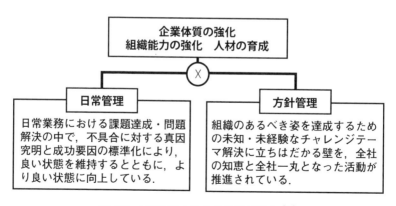

図2.9 TQMによる企業体質の強化 [23]

第2章　方針管理推進の目的と問題点

　しかし，日常管理における維持改善活動だけでは，激しい社会・経済・政治の変化や競合他社の動向，顧客ニーズの変化への的確な対応には限界があります．そこで，経営トップがリーダーシップを発揮し，企業のあるべき姿を描き，その達成のために未知・未経験な領域におけるチャレンジテーマを設定し，これらのテーマ解決に立ちはだかる阻害要因を明らかにしたうえで，全社一丸となった活動が必要となります．

　そうした全社一丸となった活動で摘出された重要な問題を解決するためには，現行のやり方を改善するだけでは限界があります．既存のシステムを改訂したり，新しいシステムを導入したりすることが必要となります．しかし，未知・未経験の領域に足を踏み入れると，想定外の失敗が発生したり，原価低減対策の結果として品質問題が生じたりするものです．こうしたリスクを早期に発見し，未然に防止するためには，日常管理による異常発見力や問題解決力の強化が必要になります．

2.2　方針管理推進上の問題点

　筆者は，デミング賞審査委員として，また数社におけるTQM指導において，方針管理の問題点について討議する機会に恵まれてきました．これらの経験をもとに，方針管理推進上の問題点を，各ステップ別に述べてみたいと思います．

2.2.1　全般的な問題点
　方針管理推進上の全般的な問題点は以下のようなものです．

(1)　トップや責任者の認識不足
　トップや技術本部長，製造本部長，営業本部長などの部門統括責任者が方針管理の重要性を十分に認識していない．

(2) 「管理」への理解不足

「管理」の概念に対する理解が不足している．具体的には以下のようなことです．

- 部長や課長などの部門の統括責任者の責任と権限が明確になっていない．
- 結果がよければすべて OK，結果の悪さで叱るという結果重視の気風が残っている．
- トップダウンで高い目標を与え，あとは任せたから頑張れの精神的管理になっている．
- PDCA のサイクルが転がっていて，成長していない．
- 結果系の管理項目や方策系の管理項目の解釈が人によってバラバラである（**表 2.2**，p.35）．

(3) 前年度結果の分析不足

前年度の推進結果の問題点が十分に分析されていない．具体的には以下のようなことです．

- 前年度の推進過程に対する反省が結果系にのみ終始している．
- これまでに重要問題に対する真の原因を探究して再発防止のアクションをとった経験が少ない．
- 問題点に対する応急処置が中心で，真因に対する掘り下げが弱い．
- 従来の新製品開発システム，品質保証体系図が持つ欠点を明らかにすることなく，新製品開発システムや品質保証体系図を再構築しようとしている．

2.2.2 方針設定における問題点

方針設定における問題点には次の 4 つがあります．

(1) 長期的展望の欠如

(2) 全社的な展開の欠如

(3) 管理項目の不備

第2章　方針管理推進の目的と問題点

(4)　方針設定時の記録がない.
以下それぞれについて具体的な例を示します.

(1)　長期的展望の欠如

方針設定の計画段階で長期的展望を持って，それを具体化することが弱い.
具体的には以下のようなことです.

- 経済情報や業界情報などを含む社内外の情報の収集と分析が弱い.
- 経営上，機能上の重要問題を組織的に取り上げて，これを方針に組み込むための仕組みが弱い.
- 上位目標を達成する方策にのみ目がいっていて，部門の弱みの克服が抜け落ちている.
- 問題が起こらないようにする根本対策を選定していない.
- SQC 手法が活用されていても，課題・問題解決の効果的・効率的な解決につながる活用の仕方ができていない.
- 自社独自の QC 手法が開発できていない.

(2)　全社的な展開の欠如

目標と方策が全社的に展開されていない.　具体的には以下のような状況です.
- 上下左右のすり合わせ(キャッチボール)が十分でない.
- 形式的には方針が下位の職位まで展開されているが，下位の方針目標が上位方針の方策における目標値を受けていない.
- 目標達成のための方策設定における制約条件(例えば，予算，人的資源，納期など)が明確になっていない.
- 方策設定において，その実行による他機能へのデメリットに対する防止対策が取れていない.

(3)　管理項目の不備

方策の実行を管理するための管理項目が適切に設定されていない.　具体的に

2.2 方針管理推進上の問題点

は以下のようなことです.

- 目標および方策の各々に対する管理項目の現状値,目標値あるいは計画値が明示されていない.
- 方針に対応する重点管理項目と日常管理における重点管理項目の区別が明確でない.
- 管理項目には,不良率や原価低減額など結果の良し悪しを判断するものが主であって,方策の実施状況の良し悪しをチェックできるものが設定されていない.

ここで方針管理における管理項目と日常管理における管理項目の考え方を整理しておきたいと思います(表2.2).

方針管理は,経営上の基本管理項目のうち,特に重点的な改善を全社各部門,各職位の協力によって実施しようとするものです.そのため,目標の達成度を評価する結果系の尺度(管理項目)が必要となります.例えば,方針に取り上げた新製品の売上高や原価あるいは開発納期などです.しかし,こうした目標を達成するためには方策が必要です.例えば,製品の製造原価低減の目標を実現するために生産ラインの改善という方策を取り上げた場合,その細部展開として,技術部門による新しい生産技術の開発,設備部門による生産設備の設計,経理部門による関連費用の予算化,購買部門による生産設備製造調達先の選定と購入金額の低減,生産部門によるQC工程表や作業標準の作成と教育な

表2.2 日常管理・方針管理と結果系・方策(要因)系の管理項目の関連

	結果系の管理項目	方策(要因)系の管理項目
方針管理	・改善したい新製品売上高,新製品不良率,品質コストなど ・目標が定められている.	・改善方策と細部展開のそれぞれの達成度の管理項目 ・方策および細部展開項目ごとに実行目標レベルまたは目標値が定められている.
日常管理	・維持したい不良率,クレーム件数など ・管理水準が設定されている.	・QC工程表において規定されているような要因系の管理項目 ・管理水準が定められている.

第2章　方針管理推進の目的と問題点

ど，複数の部門が関連する実施項目があります．これらの方策および細部展開された項目が計画に従って実施されてはじめて方針目標が達成されます．方針管理における方策系の管理項目とは，方策および細部展開された項目が計画どおりに達成されているかどうかを評価する尺度(管理項目)なのです．

これに対して，日常管理における管理項目には，各職位に与えられた不良率という結果系の管理項目を維持するため，QC工程表で定められたプロセスや製造条件を管理する必要があります．このとき，プロセスの異常を防ぐために製造工程での温度や圧力あるいは機械の設定値が監視・管理されます．これらの温度や圧力を要因系の管理項目あるいは点検点といい，不良率のような結果系の管理項目を管理点といって区分することもあります．

(4)　方針設定時の記録がない

方針設定の経緯を示す記録が残っていない．具体的には以下のようなことです．

- 次年度の方針策定のために年度末に問題点の分析をしたはずである．しかし，その分析のプロセスや反省の結果を取りまとめた"土の香りのする"資料が残っていない．
- 上下左右のすり合わせ(キャッチボール)をしていても，どの段階で，どの項目を，どのように調整したのか，その過程でどんな問題があったのか，次年度方針の策定をどのように変えようとしたのか，などの討議プロセスに関する資料が残っていない．

2.2.3　方針の実施段階の問題点

方針の実施段階の問題点には以下のようなものがあります．

- 各部門や機能の担当者相互間の連携と協力体制が弱い．
- 方針を展開するときには，部門間の連携を強調しておきながら，実行の過程で必要に応じて部門間協力をはかるというやり方ができていない．
- 部長や課長などの管理者の中に，その部門方針の重点を記憶していない人がいる．

2.2 方針管理推進上の問題点

- 重要実施項目の実施過程で試行錯誤が多く，目標納期までに達成しないことがある．
- 不測の事態発生によって，問題解決の過程で挫折することがある．

2.2.4 方針実施に対するチェックの問題点
(1) 年度末に方針達成状況を把握できない
年度末に方針達成状況を把握できる状態にないということです．具体的には以下のような状況です．

- トップが自己の展開した方針の達成状況を，どのようにチェックしているか不明である．
- チェックのための目標と方策に対する管理項目が明確でないため，達成状況のチェックができていない．結果として方策に対する適切なアクションが打てていない．

(2) チェックの頻度が少なすぎる
部門統括責任者の方針(目標，重点問題，納期)に対するチェックの頻度が少ない．年1回では無意味です．

(3) トップ診断のフォロー不足
トップ診断のフォローが不十分である，という問題です．具体的には以下のような状況です．

- トップ診断が問題点の指摘を行うだけになっている．
- 誰が，どの部門と協力して，いつまでに改善するかということに対する詰めが弱く，指摘事項が指摘のみに止まっている．
- 方針管理の総括部門がチェック，フォローの役割を果たしていない．
- 総括部門のトップ診断のための準備資料の整備が不十分である．そのため，診断の指摘事項をそのまま被診断部門に投げかけるだけで，総括部門としての解析が不十分である．

37

第2章　方針管理推進の目的と問題点

• 部門ごとに，部門長による診断活動が行われていないか，行われていても不十分である．

2.2.5　方針の実施に対するアクションの問題点

(1)　反省の欠如

方針実施の結果についての評価はしているが，「当該年度推進してきた方針そのものが本当によかったのか」「問題点があったのか」など方針の良否に対する反省がない，ということです．

(2)　プロセス評価の欠如

プロセス評価の欠如とは，方針実施の結果のみの評価であって，「結果主義に陥っている」「その結果をもたらしたプロセスの良さ悪さを評価することができていない」ということです．売上目標の未達，新製品開発件数目標の未達などは，叱られなくてもわかっています．その結果が出てきたプロセスに対する原因分析が大切なのです．場合によっては，叱っているトップが部門間の調整を果たさなかったという悪さが問題なのかもしれません．

(3)　フィードバックの欠如

フィードバックの欠如とは，結果主義に陥っているため，評価結果の分析が次期の計画にフィードバックできるまで分析できていない，ということです．

(4)　将来計画が絵に描いた餅

フィードバック可能なだけの分析がないため，将来計画で描いているのは"絵"であって，具体的な行動につながるものになっていないということです．その結果，将来計画が，実現性のないものになっているという問題です．

2.2.6　連関図による真因の追究

2.2.5項までで述べたことを整理すると，図2.10の要因追究型連関図が得ら

2.2 方針管理推進上の問題点

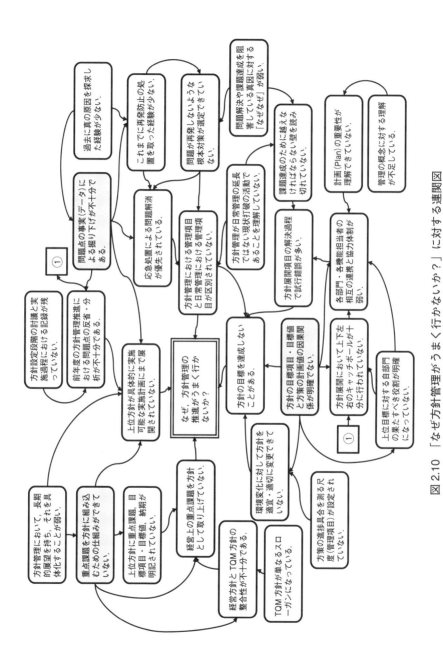

図 2.10 「なぜ方針管理がうまく行かないか?」に対する連関図

第2章　方針管理推進の目的と問題点

れました．この連関図の作成には「なぜなぜ分析」が用いられています．「な
ぜなぜ分析」とは，ある問題に対して，「なぜその問題が起ったのか」と「な
ぜ」を提示し，さらに「なぜその要因が生じたのか」とその要因を引き起こし
た「なぜ」を提示することを繰り返すことにより，問題の根本原因を検証する
方法です．

　この連関図では，以下の4つの課題があることが示唆されています．

(1)　上位方針が具体的に実施可能な実施計画にまで展開されていない．

(2)　経営上の重点課題を方針として取り上げていない．

(3)　方針の目標を達成しないことがある．

(4)　方針管理における「管理項目」と日常管理における「管理項目」が区
　　別されていない．

　そして，さらにそれぞれを見ていくと，具体的には以下のような原因があり
ます．

(1)　上位方針が具体的に実施可能な実施計画にまで展開されていない

　「上位方針が具体的に実施可能な実施計画にまで展開されていない」という
ことは，前年度の方針管理推進における問題点の反省と分析が不十分だという
ことです．さらに，「重点課題を方針に組み込むための仕組みができていない」
という1次原因があり，その真因は，問題点の事実データによる掘り下げが不
十分であることです．

(2)　経営上の重点課題を方針として取り上げていない

　「経営上の重点課題を方針として取り上げていない」ということは，上位方
針に重点課題，目標，納期が明記されていないということです．さらに，経営
方針とTQM方針の整合性が不十分であるという1次原因があり，その真因は，
重点課題を方針に組み込むための仕組みができていないことです．

40

2.2 方針管理推進上の問題点

(3) 方針の目標を達成しないことがある

「方針の目標を達成しないことがある」のには，以下の4つの1次原因があります．

① 環境変化に対して方針を適宜・適切に変更できていない．

② 方針の目標と方策の計画値の因果関係が明確でない．

③ 方針展開項目の解決過程で試行錯誤が多い．

④ 方針管理における管理項目と日常管理における管理項目が区別されていない．

また，その真因は，方針の目標と方策の計画値の因果関係が明確でないことです．

(4) 方針管理における管理項目と日常管理における管理項目が区別されていない

「方針管理における管理項目と日常管理における管理項目が区別されていない」という問題の1次原因はどこにあるのでしょう．例えば，以下の3つが考えられます．

① 方針管理が日常管理の延長ではない現状打破の活動であることを理解していない．

② 応急処置による問題解消が優先されている．

③ 問題が再発しないような根本対策が選定できていない．

その真因は，問題点の事実データによる掘り下げが不十分であることです．

(5) 方針管理が機能しない3つの要因

(1)～(4)の事項から，方針管理の推進がうまく機能しない要因は以下の3つであることがわかります．

① 問題点の事実(データ)による掘り下げが不十分である．

② 重点課題を方針に組み込むための仕組みができていない．

③ 方針の目標と方策の計画値の因果関係が明確でない．

41

第2章 方針管理推進の目的と問題点

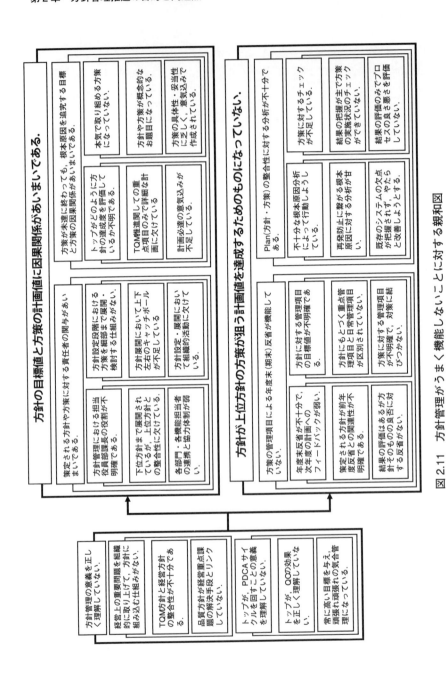

図 2.11 方針管理がうまく機能しないことに対する親和図

2.2.7 親和図による弱みの究明

図 2.11 は，某社が方針管理を導入・推進した年度末の反省に際して，方針管理の問題点を親和図法によって追究したものです．

この親和図を見ると，図 2.10 による「なぜなぜ分析」において指摘された項目が数多く散見されます．

結局のところ，その原因は，次の 3 点に集約されています．

① 方針管理の意義を正しく理解できていない．

② 方針の目標と方策の計画値の因果関係があいまいである．

③ 方針が上位方針の方策が狙う計画値を達成するためのものになっていない．

これらの問題は，方針管理の推進において多くの方が認識していながら，その実現がやさしくないところに問題があります．

例えば，図 2.12 のように，工場長方針が「製造工程における副資材費，労務費（工数），不良率の低減による製造コストの低減」となっていた場合，例えば，部長の方針は「5S（整理・整頓・清掃・清潔・躾）の徹底による**不良率の低減**」とすべきですが，「5S（整理・整頓・清掃・清潔・躾）の徹底による**製造コストの低減**」となっている場合があるのです．

「製造コストの低減」はあくまで結果であって，現場の 5S のみで取り組む

工場長方針

製造工程における 3 本柱（副資材費，労務費（工数），不良率）の 30％低減による製造コストの 20％低減

部長方針（○）

5S（整理・整頓・清掃・清潔・躾）の徹底による不良率の 30％低減

部長方針（×）

5S（整理・整頓・清掃・清潔・躾）の徹底による製造コストの 20％低減

図 2.12　工場長方針と部長方針の関係

第2章　方針管理推進の目的と問題点

ことは不可能です．方針は実現可能なことでなければいけません．

2.2.8　コマツの旗方式

(1)　コマツの旗方式の活用

　図2.13に示す「旗方式」は，小松製作所㈱が1961年にTQCを導入し，有名なⒶ作戦(1961年，日本に進出したブルドーザー市場のガリバー企業，キャタピラー社に対抗すべく，1年以内に，キャタピラー社と同等以上の品質を目指す品質向上対策を掲げたコマツの企業改革)を推進され，1963年の社長方針にもとづいて各事業所長方針のPDCAサイクルを回すための道具として開発されました．

　この**図2.13**において，例えば工場長の方針の1つが「不良率低減」であるとすると，各部別にそれぞれの不良率の実績が把握され，その低減目標が定められます(**図2.13**では，工作部長の活動計画書の左の柱状図が前年度実績であり，黒塗りの部分が低減目標となります)．このとき，部長の活動計画は，問題の重要度に応じて実行の仕方が以下(2)，(3)のように変わります．

(2)　重要な慢性不良項目や技術的に難易度の高い品質問題

　重要な慢性不良項目や技術的に難易度の高い品質問題については，部のプロジェクト活動として製品別に取り上げられます．そして，これらのプロジェクトに対しては，自部門および他部門の協力による委員会・プロジェクトチームを編成し，チームとしての活動計画が策定されます．

(3)　下位の職位で解決すべき項目

　下位の職位で解決すべき項目については，課別に，目標および活動計画書を作成して実行させることになります．

(4)　旗方式の展開

　このようにして，旗方式では，課長，係長，QCサークルの活動計画書に至

2.2 方針管理推進上の問題点

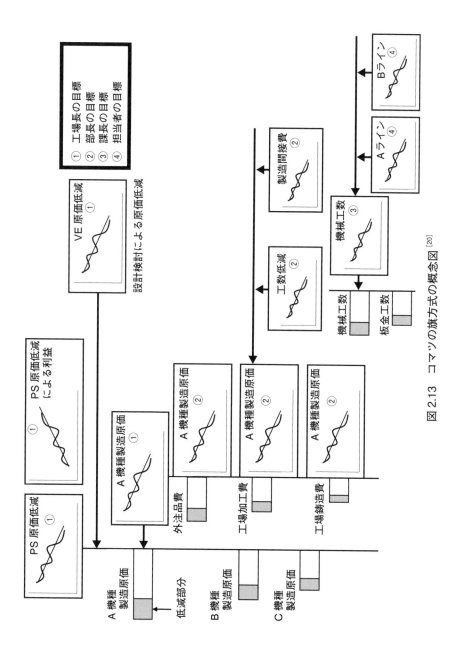

図 2.13 コマツの旗方式の概念図[20]

第 2 章　方針管理推進の目的と問題点

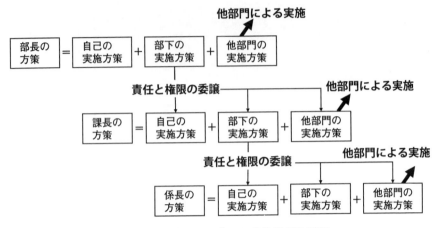

図 2.14　上位から下位への実施事項の展開

るまで，図 2.14 のように展開されます．

　これによって，上位方針の目標が，すべての各職位の管理点(結果系の管理項目)として設定，展開され，その実績が把握されます．その様子は，あたかも各職位の旗が目標の完遂を目指して，整然と進んでいるように見えることから「旗方式」と名づけられたといわれています．

　旗方式は，「自分たちの挑戦する目標が上位の目標とどのようにつながっているか」が見える優れたシステムです．しかし，単純に真似をすると，次のような落とし穴にはまってしまいます．

《落とし穴の例 1》

　「全社目標が生産性 30％向上」であるとき，部長目標が「自部門の生産性 30％向上」であって，課長目標が「課の生産性 30％向上」となっていることがあります．

　これでは，部長や課長の本当の問題が見えてきません．もし，本当にこれでよいのなら，中間管理職はいらないということになってしまいます[24]．

《落とし穴の例2》

部長が目標項目の設定に際して，会社目標を目標項目別にパレート展開し，上位70％の項目を目標項目としました．これを受けた課長は，部長の作成したパレート図の最上位項目をさらにパレート展開して上位70％の項目を目標項目として取り上げました．さらに，その最上位の項目のパレート展開を行い，自分の係に関係するものを目標項目として選定しました．

一見すると，コマツの旗方式における目標展開のように見えますが，「それぞれの課題を誰が実行すべきなのか」が不明確になっています．

図2.14のように，部長は上位70％のうち「自分が責任をもって進める項目」「課長に実施させる項目」「他部門に実施を依頼すべき項目」を明確にすべきです．

課長も，「自分が責任をもって進める項目」「係長に実施させる項目」「他部門に実施を依頼すべき項目」を明確にする必要があるのです．

2.3　方針管理と目標管理の違い

ここで，方針管理とよく似たマネジメント手法である目標管理との違いを簡単に述べてみたいと思います．目標管理には「自ら目標を設定し，自主的に改善を進める」という特徴があります．一方，方針管理には，次のような特徴があります．

《方針管理の特徴》

① 品質および品質保証システムを基軸とした改善・革新によって，企業体質の強化，組織能力の強化，特に人材育成を図ることを狙っている．

② 目標の達成度のみを問題とせず，目標達成方策の立案・選定に全社・全部門の知恵を結集することを狙っている．

第2章　方針管理推進の目的と問題点

③　方策の実施に対する評価においても結果主義に陥らず，その実施過程
の良さ悪さを評価し，進め方の改善をはかることを狙っている．

④　目標の達成に際しても，各部門がバラバラに実施するのではなく，全
社・全部門が有機的にシステム的に協力しながら進めることを狙ってい
る．

⑤　これらの全過程に重点指向があり，年度や期ごとに PDCA サイクル
が回され，方針すなわち目標と重点施策のレベル向上を狙っている．

第3章

方針管理の進め方

本書のメインテーマである方針管理の進め方を説明したいと思います．年度社長方針は社是にもとづく経営理念を実現するための経営（基本）方針を数値化，見える化した中期経営計画を実現するために作成されるものです．そのため，最初に，中期経営計画の説明から始めたいと思います．

なお，以前は5年程度の長期経営計画の策定が一般的でしたが，経営を取り巻く環境変化のスピードが速まってきたことから，最近では3年程度の中期経営計画を策定する企業が増えてきていると思います．その意味で，ここでは，長期経営計画や中（長）期経営計画ではなく，中期経営計画と呼ぶことにします．

3.1　中期経営計画の策定

以下では，中期経営計画策定のステップについて説明します．

3.1.1　現状分析

「我が社の経営理念は何であったか」「その経営理念を実現するために，どんな経営方針を持っているか」「その経営方針を実現するための資源配分計画は大丈夫か」などについて分析します．このとき，SWOT分析，3C分析，4P分析，7S分析，ファイブフォース分析，STP分析，PEST分析，PPM分析，VRIO分析，バリュー・チェーン分析，アンゾフの成長マトリックス，MECE分析などの経営戦略策定において知られたフレームワークや手法があります．関心のある方は専門書を参照していただきたいと思います．

第 3 章　方針管理の進め方

3.1.2　経営理念の明確化

　企業や組織が存在できているのは，顧客に製品やサービスといったモノを提供しているからではなく，顧客の困りごとを解決できる価値あるモノを提供しているからです．「我が社の顧客に対して提供している価値は何か」を明文化したものが経営理念であると考えればよいでしょう．

3.1.3　経営基本方針の策定

　経営基本方針とは，ミッションとビジョンを実現するための中期目標と達成方策を作成することですが，そこには，以下の 2 つの計画が必須になります．

(1)　業務の改善に関する計画

　これは，次のような事項に対応する計画です．
　① 　企業として必要な技術開発に対する計画
　② 　資源問題に対する対応策
　③ 　地域・環境との調和に関する課題と方策
　④ 　経営情報分析システムの構築
　⑤ 　海外進出
　⑥ 　他社との業務提携
　⑦ 　新商品分野への展開などの長期戦略構想に対する目標
　⑧ 　重点課題，方策を与えること

(2)　人の体質改善に関する計画

　これは，次のような事項に対応する計画です．
　① 　技術開発や業務の仕組みの改善
　② 　①に必要な人材の育成や能力開発など
　③ 　人の体質改善に対する目標
　④ 　重点課題，方策を与えること

3.1.4　経営戦略の決定

　何をすれば自社の強みを伸ばし，弱みを克服できるかを考えることから経営戦略の策定は始まります．SWOT 分析やファイブフォース分析などにより，自社が置かれている環境を見える化できていると，どのようなポジションで価値を発揮できるか再認識でき，経営資源(ヒト，モノ，カネ)を，どこに，どのように配分すべきかを考えるうえで助けになるでしょう．

3.1.5　課題解決のための数値目標の設定

　例えば，営業部門の場合には「数年後に A 商品で年間○○○億円の売上を確保する」，人事部門の場合には「数年後の次世代リーダー育成に向けて初年度末までに，◇◇◇分野の人材を△△名採用する」など，目標設定において，数値を入れた目標を立てることが大切です．目標を数値化すれば，すべての社員が経営計画を自分ごととして認識することで，彼らの経営参画意欲の向上につながります．

3.1.6　中期経営計画の完成

　3 年後に達成すべき数値目標とその実現を目指した行動計画を策定することによって中期経営計画は完成されます．しかし，中期経営計画を実践する中で計画どおりに行かないことが発生するものです．例えば，数年後の売上倍増計画を立てたとき，途中で資金繰りが悪化してしまうとか，複数の中期経営計画が部門間の矛盾した内容になっているといったことがあるかもしれません．そうした場合，「どこに問題があるか」「推進中のどの段階で問題の発生が予測されるか」などを検討しておくことが大切で，経営トップを中心とした見直し体制を確立しておくことが必要です．

　経営ビジョンや経営方針の策定は，経営トップの方々の貴重な時間を長時間使うものなので，彼らの発想の創出とコンセンサス形成のために多くの情報が必要となります．それらの情報を効率よく整理し，発想するためには，新 QC 七つ道具などの言語データ活用法が有効です．

第 3 章 方針管理の進め方

3.1.7 中期経営計画の見直し

このようにして策定された中期経営計画については，時期を決めて見直しを行うことが求められます．その見直しの方法として，次の2つが知られています．

① 計画開始年度から完了年度まで計画を固定して，計画年度末に，次期の中期経営計画を策定する方法

② 中期経営計画を策定したうえで年度ごとに見直しを行うローリング方式

今日のように激しく経営環境が変化する中においては，後者のローリング方式のほうが好ましいのかもしれません．

3.2 年度社長方針の策定

経営基本方針を実現するために策定される中期経営計画と年度社長方針の関係は，図 3.1 のように示すことができます．

3.2.1 基礎課題

年度社長方針においては，当該年度に達成すべき目標とその達成を阻害する問題に対する解決方策を定めます．このとき，次の3点の明確化を考慮する必要があります．これを「基礎課題」と呼ぶことにします．

《基礎課題》

(A) 当該年度において達成すべき目標と達成方策

(B) 社会・経済・政治情勢や競合他社動向などにかかわる情報を分析し，新たに予見される問題とその解決方策

(C) 前年度の経営目標と実績の差異分析を行い，未達の原因に対する問題点と解決方策

52

3.2 年度社長方針の策定

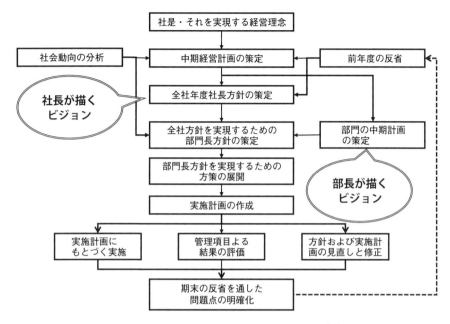

図3.1 中期経営計画と年度社長方針の関係 [25]

　(A)～(C)に関する分析過程では，言語情報を解析するために新QC七つ道具が活用できます．例えば，基礎課題(A)の中期経営計画達成のための年度目標に対する実施策の検討段階では，目標達成のために方策展開型連関図(図3.2(a))や方策展開型系統図(図3.2(b))が活用できます．また，基礎課題(B)の企業を取り巻く環境分析に取り上げられた数多くの言語情報から親和図(図3.2(c))を作成することで，環境変化に対応するための課題を明確にすることができます．

　基礎課題(C)の「前年度の経営目標と実績の差異分析」については，以下の2種類の情報を用います．
① 社長診断や種々のトップ診断から得られる情報
② 前年度社長方針の目標達成度と実施過程における問題点

第3章 方針管理の進め方

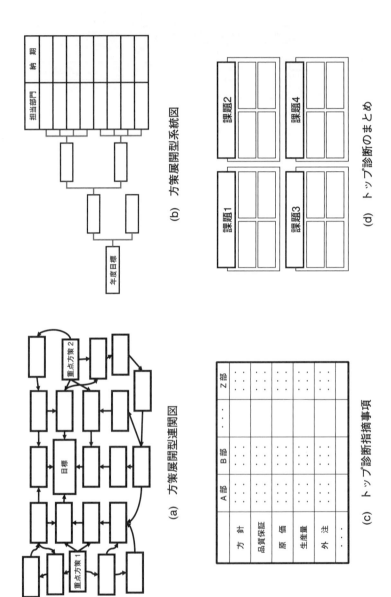

図3.2 方針策定のための新QC七つ道具の活用

3.2　年度社長方針の策定

　全社の社長診断については，問題点の指摘が断片的になりやすく，受診側としては自部門の指摘事項のみを小手先で修正して終わりとすることがあります．しかし，それでは不十分です．それらの指摘事項の底にある組織体質の弱さを明らかにして，その改善を図ることが重要です．

　例えば，社長診断の指摘事項を親和図（図 3.2(d)）で整理して本質的な問題点を明確にする，あるいは，マトリックス図（図 3.2(c)）を用いて部門別・診断項目別に診断指摘事項を整理することで，全部門に共通する指摘事項と特定部門のみに関する指摘事項を区分することも必要です．そして，マトリックス図で浮き彫りになったことを親和図などにより整理するとよいでしょう．

　前年度の社長方針の達成度および推進過程の問題点に関連して，実績の把握にもとづいて部門別・機能別に要因追究型連関図（図 3.2(a)）の「目標←方策」を「問題←要因」と読み換えた連関図）を作成して分析することもできます．このとき，要因に対しては，できるだけ数値データを採取して事実を把握する努力が求められます．そのため，前年度の方策実施過程でできるだけ明確な問題点の抽出と問題点への対応に関する数値情報を残しておくことが望まれます．そうすれば，診断時のデータの分析および前年度の方針実施上の問題点の分析結果にもとづいて，部門別・機能別に方策展開型連関図（図 3.2(a)）や方策展開型系統図（図 3.2(b)）などを作成すれば，有効な方策を発想することができます．

　以上の基礎課題(A)の中期計画達成に対する年度方針における目標と方策，基礎課題(B)の企業外部環境の変化に対応する方策，基礎課題(C)の企業内問題の解決のための方策のそれぞれの調整には，図 3.3 の右上のハコに示したように機能別目標と(A)〜(C)の 3 項目に対応する諸方策に対するマトリックス図を作成し，重複の整理，抜け落ちの防止，諸方策の併合などを行うことで，目標達成の確度を高めることができるでしょう．

3.2.2　誰が方針の PDCA を回しているか

　方針の策定において「年度会社方針」や「部方針」というタイトルを使う会

第3章　方針管理の進め方

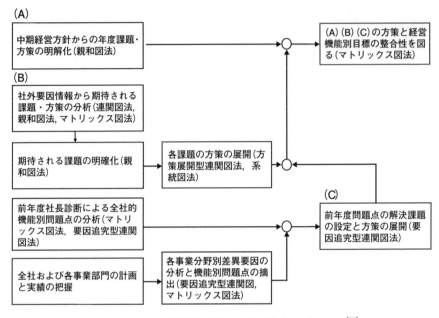

図3.3　新QC七つ道具を活用した方針策定のプロセス[20]

社と「年度社長方針」や「部長方針」というタイトルを使う会社があるようです．「ん，何だ？」と思われる読者もいるのでしょうが，少し考えてみれば前者のタイプがおかしいということがわかります．

「部方針」というタイトルを使っている場合，図3.1(p.53)にある「部長が描くビジョン(部長の想い)」はどうなっているでしょうか．確かに方針は上下左右のすり合わせ(キャッチボール)を通じて策定されるものですが，そこには部長の想いが込められているはずです．また，部長方針における方策には，**図2.14(p.46)**で指摘したように，部長が自ら実施すべき方策と下位(課長)に実施を委ねる方策あるいは他部門に実施を依頼する方策があるはずです．自ら実施すべき方策のPDCAは部長自身が，下位(課長)に実施を委ねる方策については計画に対するチェックと適切な指導を，他部門に実施を依頼する方策については，実施計画の進捗状況に対するチェックを行っているはずなのです．し

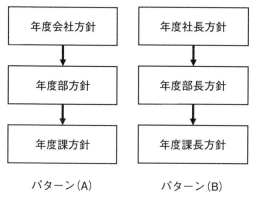

図3.4 部方針 vs 部長方針

たがって，図3.4におけるパターン(A)ではなく，パターン(B)のように「人」が主役となった方針であるはずなのです．

3.2.3 方針策定

組織全体の目指す方向をより具体化したものとして方針を策定します．その際，次のような取組み課題や残存課題を明らかにするところから，方針策定は始まります．

(A) 中期経営計画の中で当該年度に実施すべき事項
(B) 組織を取り巻く経営環境分析から明らかとなった顧客ニーズの変化，ならびに組織と競合他社との能力比較において明らかとなった組織の強みと弱みに関する事項
(C) 前年度において目標未達となったことに対する重点課題や診断あるいは過去数年間の実績分析によって明らかとなった事項

その組織全体の目指す方針においては，図3.5のように，組織として優先順位の高い達成すべき事項である重点課題，目的を達成するための取組みが目指す到達点である目標，目標を達成するために選ばれた手段としての方策が明記されます．

第3章　方針管理の進め方

```
┌─────────────────┐         ┌──────────────────────────────────────────────┐
│                 │         │ 重点課題                                       │
│                 ├─────────┤ 組織として優先順位の高いものに絞って取り組み，達成すべき事項 │
│                 │         └──────────────────────────────────────────────┘
│                 │         ┌──────────────────────────────────────────────┐
│                 │         │ 目標                                           │
│                 ├─────────┤ 目的を達成するための取組みにおいて，追求し，目指す到達点 │
│     方針        │         └──────────────────────────────────────────────┘
│ トップマネジメン │         ┌──────────────────────────────────────────────┐
│ トによって正式に │         │ 方策（手段）                                   │
│ 表明された，組織 ├─────────┤ 目標を達成するために選ばれた手段               │
│ の使命，理念およ │         └──────────────────────────────────────────────┘
│ びビジョン，また │         ┌──────────────────────────────────────────────┐
│ は中長期経営計画 │         │ 実施計画                                       │
│ の達成に関する， ├─────────┤ 方策を実施して，目標を達成するために必要な資源およびその運用プロセ │
│ 組織の全体的な意 │         │ スを規定することに焦点を合わせた計画           │
│ 図および方向づけ │         └──────────────────────────────────────────────┘
│                 │         ┌──────────────────────────────────────────────┐
│                 │         │ 管理項目と管理水準                             │
│                 ├─────────┤ 目標の達成を管理するために評価尺度として選定した項目．安定したまたは計 │
│                 │         │ 画どおりのプロセスの状態を表す値(例：平均)または範囲(平均 ±3 標準偏差) │
└─────────────────┘         └──────────────────────────────────────────────┘
```

図3.5　方針の構成要素

　ここで，重点課題とは，「組織として優先順位の高いものに絞って取り組み，達成すべき事項」，目標とは，「目的を達成するための取組みにおいて，追求し，目指す到達点」，方策とは，「目標を達成するために選ばれた手段」のことです．

　また，実施計画とは「方策を実施して，目標を達成するために必要な資源およびその運用プロセスを規定することに焦点を合わせた計画」であり，管理項目と管理水準とは「目標が達成されているか，活動が実施計画に沿って順調になされているかどうかを管理するための評価尺度として選定された項目」のことです．

3.3　方針策定における注意点

　方針策定における注意点を説明します．

3.3.1 目標と方策の設定

コマツの旗方式に関して紹介された事例の多くは生産部門に関係するものです．しかし，方針管理が狙っているのは組織の体質強化ですから，研究開発部門や営業部門あるいは技術部門などにおける方針の設定に耳を傾ける必要があります．その際，各部門から次のような嘆きにも言い訳にも近い話を聞くことがあります．

- **営業部門**：年初に計画を立てても，競合他社の営業戦略によって，ターゲットが動く，すなわち目標が動くため，立案した方針が実効を示さないことがある．
- **研究開発部門**：研究においては研究活動の途中で新しい発見があり，実験してみないとどんな結果が得られるかわからないため，製造のようにうまく PDCA サイクルを回すことができない．
- **技術部門**：技術問題の解決に際して，単に問題に対する解決策を発見すればよいというわけではなく，製品を市場に送り出した後で他社のリバースエンジニアリングなどによって簡単に新製品のネック技術を知られては困る．また，競合他社が容易には知ることのできない技術の組合せを発想するプロセスは PDCA サイクルのように行かなくて，個々人の独創によらざるを得ない．

これらを単に方針管理がうまく推進できなかったことに対する言い訳であると切り捨てられれば話は簡単なのですが，そういう訳にはいきません．それぞれの部門には中期経営計画を達成するために到達しなければならない目標があるはずです．そうであれば，**図 2.14**(p.46)が示すように，それら目標を達成するための方策があるはずです．

3.3.2 目標項目と目標値選定の妥当性

営業本部の売上目標を設定する場面を考えるとき，すべての商品に対する売上目標を最大化することが本当に重要なのでしょうか．

社会ニーズや顧客の抱えている問題，あるいは他社との競合状況を考慮する

第 3 章　方針管理の進め方

と，レッドオーシャン市場において，商品 A は絶対に譲れないが，商品 B の市場はブルーオーシャン市場に育成したいということがあります．こんなとき，「個々の商品別売上目標をどのように設定するのが今期の利益確保にとって最も望ましいか」「その目標は長期的に見たとき将来の新製品開発戦略と合致しているのか」「その戦略を支店や営業所に展開したとき支店や営業所の地域性に合致しているのか」など，目標項目と目標値の設定に当たって検討すべきことは数多くあります．

　また，技術本部の開発目標を設定する場面において，新製品開発戦略との整合性を考えるならば，現在進行中の技術テーマは絶対に納期までに完了しなければいけませんが，将来の企業成長の種と考えられる新技術もしっかり育成しなければなりません．新技術の育成には数ヵ年の期間を要するかもしれません．限られたリソースの中で，「どの開発テーマを打切り，どの開発テーマを継続するか」，また，「どの開発テーマに資源を重点配分するか」「年度方針目標の達成と将来ビジョン達成のためには，どの開発テーマに対して，どの目標（完成レベルと納期）を設定すればよいか」など，考えなければならないことは数多くあります．

　こうした中で，部下のやる気を奮い立たせる目標項目と目標値を設定するのが部門長の使命です．「先生．こんな私の悩みを解消する妙手がありますか」と問われれば，残念ながら答えは“ノー”です．唯一の方策は，トップレベルの人々が長時間をかけて徹底した討議を行うという王道しかありません．「なんだ！」と失望しないでください．これ以外に方法はないのです．だからこそ，経営トップの人たちが，あらゆる社内外の情報にもとづいて，長い時間をかけて中期経営計画を策定し，その実行策として方針を作成しているのです．

　筆者がデミング賞委員会の仕組みの 1 つである TQM 診断の B スケジュール（各部門における TQM の実施状況を審査する）において，「あなたの部門における目標の設定に際して部門長たちの人々が議論した“土の香り”のする議事録はありますか？」と質問をすると，関係者に怪訝な顔をされ，「先生の言いたいことは何ですか？」と質問されたことがあります．私は「議論の中身を

60

新 QC 七つ道具の親和図法や連関図法あるいは系統図法などによって図示した資料のことです」と回答すると，多くの方が納得していただけたことがあります．

3.3.3 目標が相互に背反する

営業部長 A 氏の目標項目にある「売上高」や「営業利益」と「シェア」は，実は背反する目標項目です．売上高の確保を狙うのであれば，売れる市場において売れる既存商品 C の販売に重点指向すればよいのですが，売りにくい市場や新製品 D を重点対象から外してしまうと，その市場を競合他社に奪われ，その市場における自社のシェアは目を覆いたくなってしまいます．逆に，ある市場のおける「シェアアップ」を重点指向すると，多くの営業パーソンはシェア確保のために値引きや代理店に対する販売助成金支給などの手段を展開することになって，「営業利益」は最悪な状況になってしまいます．

また，A 氏の「売上高」や「営業利益」と「シェア」という背反する目標項目を同時達成するための施策を A 氏の部門のみで実現することは最初から無理な話です．その目標を達成するためには，開発部門における「顧客が困っている問題を解決できる魅力製品の開発」，技術部門における「VE(Value Engineering：価値工学)活動などによる飛躍的なコスト低減」，製造部門における「VA(Value Analysis：価値分析)活動や徹底したムダ・ロスの低減」による原価低減などの協力がなければ目標達成は叶いません．

A 氏の背反する目標項目と目標値の実現には，営業部門，開発部門，技術部門，製造部門などの部門トップが一堂に会して，徹底した討議を行うことが必要なのです．上に述べたように，何か妙手があるのではなく，これが王道なのです．

3.3.4 重点課題の重点指向

中期経営計画や事業計画などの組織計画を実現するための「重点課題」「目標」「方策」を具体化したものとして組織方針が策定されるとしても，重点課

第3章 方針管理の進め方

表3.1 重点課題，目標および方策の例（方針と日常の区分）

重大課題	目標	方策	備考
新製品の 売上高の向上	新製品売上高 2倍	顧客訪問による顧客の困りごとの把握	方針
		レッドオーシャン市場における重要商品の販売強化	日常
		ブルーオーシャン市場の創造	方針
市場クレーム費 30％低減	市場クレーム 費30％低減	設備トラブル起因の不良低減	方針
		製品製造設備の改造	方針
		QCサークル活動による職場の困りごと改善	日常
製造原価の低減	製品の製品原 価 20％低減	製造工程のDX化推進	方針
		ムダな工数の削減と余剰人員の最適配備	方針
		再発不良の真因追究による不良低減	日常

題を多くあげすぎると方針の達成が困難になります．従来の延長線上で達成できるものを除き，大幅な改善や改革を狙うものだけに絞り込むことが大切です．

　従来の仕事のやり方，狙う水準を維持する項目を合わせて方針書の中に書き込むと，方針管理と日常管理の役割が混在して，方針管理の位置づけを曖昧にするだけで好ましいやり方ではありません．どうしても一緒にしたいという場合には，表3.1のように備考欄を設けて「方針」「日常」などを明記するとよいでしょう．

3.3.5　目標値のレベル

　顧客のニーズや期待，製品やサービスのタイプごとの対象事業分野の特徴，競合他社の動向などは常に変化しています．そうした変化を把握したうえで策定されたものが中期経営計画であり，その計画を達成するために当該年度で達成しなければならない到達点が目標値です．しかし，その目標値は現実の組織能力を無視して設定すべきものではありません．

　筆者がデミング賞に対するTQM診断や審査に参画したとき，図3.6のよう

3.3 方針策定における注意点

な目標値の例に遭遇したことがありますが，これではPDCAサイクルを回しているとは言えないでしょう．

もし，中期経営計画の達成を狙った目標のあり方を考えるならば，**図3.7**のような生産性や不良率の設定を考えなければならないのです．

この**図3.7**(a)における「売上高の今期目標」におけるAの部分は，前期の方針管理として取り組んだ方針における重点施策の成功した内容を標準化する

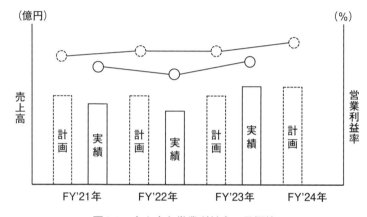

図3.6 売上高と営業利益率の目標値

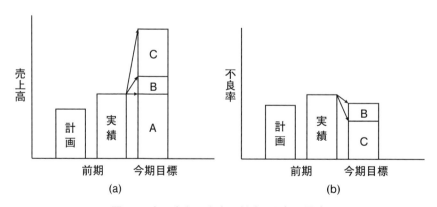

図3.7 売上高と不良率に対する目標の設定

第3章　方針管理の進め方

ことで継続して得られると考えられる売上高，**図 3.7(a)**中の B の部分は前期の成功事例を標準化することによって新規の売上につながると想定される売上高，C の部分はは前年度には重点化しなかった新たな施策として取り組む活動によって獲得したい売上高を示しています．また，「不良率に対する今期の目標」（**図 3.7(b)**）における B の部分は前期の活動の中で不良率低減に貢献した活動を継続することによって低減できる不良率であり，C の部分は，今期新たな施策として取り組む活動によって低減されるべき不良率を示しています．

　このようにして設定される方針は，当該期の開始前に方針の展開が終了するようにします．今期の事業見込みの予測と来期の事業計画の立案に伴って期の開始 2 ～ 3 カ月前には作成を開始するのが理想です．そして，策定した方針については，説明会，説明資料，ビデオなどを活用して，トップ自ら説明し，方針の意図，方針と各人が担当する業務とのつながりを組織の全員に周知するようにする必要があります．

3.3.6　親和図法による情報の整理

　年度社長方針や部長方針を作成するためには，中期経営計画がベースとなることは当然なのですが，社長方針にしても部長方針にしても，目標を達成するためには，組織を取り巻く経営環境の変化を無視することはできません．

　図 3.8 の親和図は，Windows の初代バージョンが世界に登場した 1985 年の事例なのですが，某社の品質保証部で「将来の品質保証のあり方」というテーマで作成したものです．「将来は建設機械に対する自動化・システム要請が強くなる」とか「品質保証レベルが重要な競争要因になる」などと現在に置き換えても通じるようなあるべき姿が浮き彫りになっています．

　また，**図 3.9** は，某社の TQM 推進部のメンバーが作成した「なぜ，品質問題が再発するか？」に対する連関図です．

　この問題に対する「なぜなぜ分析」を活用した要因の深掘りを行った結果，なぜなぜ問答における KT 法[26] でいう「"Is"（問題のある部門にはある）と "Is not"（問題のない部門にはない）の関係が不明確である」「問題の発生箇所と離

64

3.3 方針策定における注意点

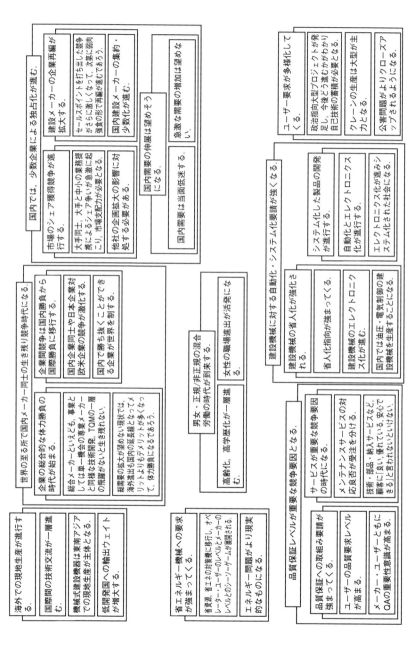

図3.8 「将来の品質保証のあるべき姿は？」に対する親和図

第3章 方針管理の進め方

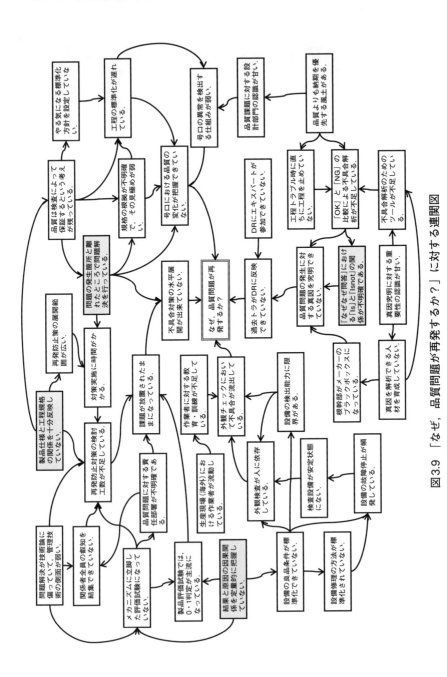

図3.9 「なぜ、品質問題が再発するか？」に対する連関図

れたところで問題解決を行っている(＝五ゲン主義に則っていない)」「工程仕様と製品仕様の関係が不十分である」「結果と原因の因果関係を定量的に把握していない」という4つの重要要因があることを明らかにしています.

図3.10の系統図は,**図3.9**で明らかとなった重要要因を対策することによって「品質問題を再発させないためには」というテーマで作成したものです.

この系統図によって16項目の方策が摘出されています. それらすべての方策を実施することは不可能でしょうし,今すぐに実施しなければならない項目と来期まで送ることのできる項目が混じっています. そのため,「効果」「実現性」「経済性」「緊急性」などの評価項目を用いて実施方策を検討した結果,「経営層が継続して危機感を発信する」「(不具合対策の)適用範囲のガイドラインを明確にする」「QC工程表(良品条件)を再整備する」「DRでのFMEAとFTAのあり方を見直す」という4項目の方策を選定しています.

方針の策定においては,**図3.11**に示すように,トップビジョンと各部門別提案の関係を行と列に配置したマトリックス図を作成することで,それぞれの組織・組織メンバーが腹落ちした方針を作成することもできます. また,このマトリックス図の各交点で見えてきた課題の関連を整理し,課題と方策の対応を考慮し,これにトップの夢を加えることで最終的なビジョンや経営方針を策定することができると期待されます.

3.4 社内各部門への展開と注意点

3.4.1 方針の展開

社長方針案の提示を受け,社内の各部門への展開を実施するステップについて説明します.

まず部門ごとの目標の割り付けや方策の展開が行われ,経営目標と各部門に割り付けられた目標との整合性を確保する過程で方策の検討や予算などが検討されることになります. また,「製造原価の低減○○億円」という社長方針の達成には,新製品の開発や生産技術の改善・革新など,営業,研究,開発・設

第3章　方針管理の進め方

系統図の構成（右から左へ読む）

- 目的：品質不具合を再発させないためには
- 一次手段：
  - 不具合対策の水平展開を図る。
  - 工程での製品品質の変化を見えるようにする。
  - 発生課題に対する真因を究明する。
  - 品質課題に対する危機感を高める。
- 二次手段：
  - 製品・工程・拠点などの適用範囲を明確にする。
  - 情報を共有する。
  - 製品品質と工程条件の紐付けをする。
  - 品質異常早期発見システムを作る。
  - 解析のためのリソースを確保する。
  - 課題をやり切る組織風土を醸成する。
  - 品質レベルが見えるようにする。
  - 品質問題に対する感受性を向上させる。

具体的対策	評価				
	効果	実現性	経済性	緊急性	総合評価
適用範囲のガイドラインを作成する。	3	5	5	5	375
実施結果のフォローアップの仕組みを作る。	3	5	5	3	225
情報伝達のためのITシステムを作る。	5	1	1	3	15
水平展開推進委員会(経営トップ)を作る。	3	5	5	3	225
QC工程表(良品条件表)を再整備する。	5	3	5	5	375
DRでのFMEAとFTAのあり方を見直す。	5	3	5	5	375
品質情報を適宜モニタリングする。	5	3	3	3	135
品質異常判定基準を明確にする。	5	3	5	3	225
解析設備を導入する。	3	1	1	5	15
解析専門人材を育成する。	3	1	3	5	45
再発防止委員会(経営トップ)を実施する。	5	5	5	5	625
専任プロジェクトを設置する。	3	3	3	3	81
工場理論原価を導入する。	3	3	5	5	225
顧客評価を周知徹底する。	3	5	5	3	225
製品品質・安全研修に参加させる。	3	5	5	5	375
経営層が継続して危機感を発信する。	5	5	5	5	625

図3.10　「品質問題を再発させないためには」に対する系統図

		社長(事業部長)方針			
		T_1	T_2	$\cdots$	T_t
A部門方策	A_1	○	◎	$\cdots$	○
	A_2	◎	△	$\cdots$	○
	$\vdots$	$\vdots$	$\vdots$	$\ddots$	$\vdots$
	A_a	○	○	$\cdots$	◎
B部門方策	B_1		○	$\cdots$	◎
	B_2	○	◎	$\cdots$	
	$\vdots$	$\vdots$	$\vdots$	$\ddots$	$\vdots$
	B_b	◎	○	$\cdots$	◎

図3.11 社長方針と部門方策のマトリックス図

計,製造のすべての部門,あるいはその一部が協力して進めなければならない問題があるため,上下左右のすり合わせ(キャッチボール)を行うことが必要になります.さらに,このすり合わせの過程で,社長方針の一部が修正されることもあります.

こうしたプロセスを経て,最終的に当該年度の社長方針および各部門の事業部門長方針や部長方針が決定され,全社の年度方針書および実施計画書の作成が期の開始前に完成されます.

3.4.2 方針設定における注意点

以下では,部長方針の展開を例として,方針設定の段階で注意すべきことを具体的に考えてみます.ここでも,その展開は次の3ステップになります

【Step 1】 その部門での目標を達成するため取り組むべき問題点は何かを明確にする.

【Step 2】 その問題点を解決していくための方策とその細部展開を行い,問題点の解決方策の全体像を明確にする.さらに,その方策の

第3章　方針管理の進め方

　　　　　　　　細部展開項目の担当者を決める.

【Step 3】　それらの方策の細部展開を時系列的に展開し，各方策相互間の
　　　　　　つながりや部門間連携の必要時期，納期などを明確にする.

(1)　方針の設定・展開の討議記録を残すこと

　方針書や実施計画書などは，精粗の違いはあっても，方針管理を実施してい
るすべての企業で作成されているものです．しかし，方針策定に至る討議の過
程や経緯を生々しく記録しているところは少ないと思います．一般に，これら
の討議の過程は複雑で，議事録や使用した資料を用いた文書のみでは，年度末
における振り返りを正しく行うことはできません．そのため，討議に使用した
親和図，連関図，系統図，マトリックス図と説明資料を残しておくことを推奨
したいと思います.

　筆者がまだ助教授の頃，某社から「TQM実践研究会の指導をお手伝いして
ほしい」と要請を受け，気楽にお引き受けしたことがありました．そのことを
即答した後，納谷嘉信教授から「断ってきなさい！」と雷を落とされました．
納谷教授は，こう一括したのです.

　「会社が出してくる方針書，そこに記されている重点方策，目標などはA4
判の紙一枚かもしれない．しかし，その裏には段ボール数箱分の資料があるも
のです．先生は，その裏の資料がどうなっているか推察した指導ができます
か！」

　早速会社のTQM推進部長に電話を入れて，教授のお叱りの内容をお伝えし
たうえで辞退を申し入れましたが，部長は「先生．いいのです．まずは勉強し
ていただいて，じっくりと我が社の指導をしていただければよいのです」とや
さしい言葉をいただきました.

　方針書は，経営(部門)トップを含む上位の職位の方々の長時間による討議に
よって策定されるため，その方針の目標・方策の個々の表現は，たとえ簡単な
ものであっても，それぞれに深い内容を持ち，また，各々がさまざまな企業内
外情報と密接にかかわっているものです．筆者も，上述の企業において，表面

的な資料では，裏に潜む本質を見抜けないことがあるという貴重な経験をした
ものです．企業においても，方針の策定に直接関与しなかった人々には，討議
された内容や経緯は簡単には推量できないものです．

　一方，方針は全部門の全階層における全社員の協力を得て初めて実効が得られます．そうであれば，その方針の設定された背景や方針の内容などについて，全社員の十分なコンセンサスを得ていることが重要となるため，方針策定の根拠や目標・方策の意味について，トップの方々の貴重な討議結果にもとづく詳細な説明資料を作成することが望まれます．少なくとも，管理者が社員に対して自信を持って説明できる資料となり得るようにまとめておくことが望まれます．

(2)　目標達成のための問題点の把握

　「方針管理のPDCAがうまく回らない」という嘆きの主原因は，このステップにあります．以下，詳しく考えてみたいと思います．

①　方針の「質」は実施プロセスの「質」

　部長方針においても，それぞれの部門としての過去・現在の問題点，特に前年度方針の実施経過および目標と方策それぞれの達成度を考慮する必要があります．また，目標の達成度に関する評価のみでなく，その推進過程の良し悪しに関する評価を重視すること必要です．

②　すべての根源は品質

　目標が品質(Q)，原価(C)，生産性(D)，安全(S)などのいずれであっても，その改善方策を突き詰めてゆけば，必ず業務の「質」，プロセスの「質」，仕組みの「質」といった品質に帰着するものです．例えば，製造原価の低減を考える場合，その方策として「副資材費の低減」や「工数(労務費)の低減」という方策が取り上げられますが，「副資材費の低減ができていないのは，切削チップの寿命が計画値よりも長い」ということが原因であり，その原因は「切削チップの使用方法を決めた生産技術の設計プロセスの「質」が悪いからである」など，業務の「質」や設計プロセスの「質」に帰着するはずなのです．ま

た，そのレベルまで細部展開しなければよい方策展開とは言えないのです．

③ 問題点を明確にし，方策を検討する過程で新 QC 七つ道具を使う

技術者・スタッフの問題解決や QC サークル活動における問題点の明確化では，数値データが重要な役割を果たし，QC 七つ道具や統計的検定・推定などの QC 手法の活用が有効になります．

しかし，部課長レベルにおける問題解決や課題達成における問題点の把握において主役となるのは言語データです．$L_{18}(2^{15})$ 型直交表による実験計画の作成と実験の実施，交互作用効果の検出や最適条件の設定を行うための統計的検定や推定(SQC)も大切なのですが，どんな要因が問題特性のばらつきに起因しているのかに対する当たりをつけるための深い検討が必要です．そこには問題に関係する人々の持つ形式知や暗黙知といった言語データを用いた叡智の結集が必要となります．したがって，目標達成を阻害している複数の問題点に対する重要要因を探るためには要因追究型連関図，重要要因に対する解決手段を発想するためには方策展開型連関図や系統図，方策の実施過程で発生の懸念されるトラブルの予知・予測と対応策の検討を行うためには PDPC などの新 QC 七つ道具の活用が推奨されます．

(3) 各職位における実施方策は 3 種類に分かれる

実施方策には，**図 3.12**(図 2.14 の再掲載)に示すように，「自己の実施方策」「部下の実施方策」「他部門の実施方策」の 3 種類があります．

ここで自己の実施方策として取り上げたいのは，部長であれ，課長であれ，上位方針を達成するためには，その職位の人が中心となって実施すべき方策があるということです．「実施方策として，自己が実施すると宣言した方策を入れると未達のときの叱責が怖いから，部下に実施を委ねる」，そして「私は監査・チェックしているだけ」というのではダメです．そうした部長であれば方策に対する管理項目がなくて，結果(目標)系の管理項目だけになり，PDCA など回らないのです．

3.4 社内各部門への展開と注意点

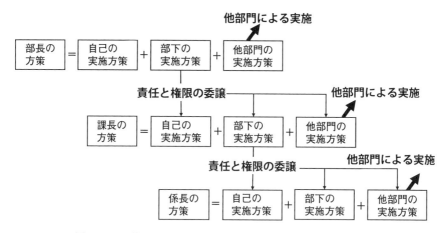

図3.12 上位から下位への実施事項の展開(図2.14の再掲載)

(4) 将来の課題を考える

　方針策定において取り上げる重点課題は,「組織として優先順位の高いものに絞って取り組み,達成すべき事項」であると述べました.その「優先順位の高いもの」は当該年度において優先順位の高いものだけではありません.例えば,当該年度の売上高を達成するプロセスにおいて,次年度の売上を約束してくれる受内定件数を維持向上するという事項も重点課題として取り上げるべき課題なのです.また,当該年度の品質,原価,生産量,安全に関する効果は認められないが,将来を考えたとき当該年度で取り組むべき事項もあるはずなのです.

(5) 実施策のデメリットを考える

　実施策を検討するときには,その実施策の実行によって発生するデメリットを考えることが重要です.以下デメリットについて考えてみます.

① 現時点のデメリットを考える

　品質(Q)の改善を方策として取り上げた場合,その実施によって原価(C),生産量(D),安全(S),環境(E)および関係者のモラール(M)などに問題を生じ

第3章　方針管理の進め方

ないかなどについて考えるということです．原価低減の方策として設計変更を実行した結果，品質問題が発生したという事例は数多く散見されます．

② 後工程へのデメリットを考える

自工程あるいは自部門の改善方策が，果たして後工程を含む他部門でデメリットを与えることがないかということです．自部門での能率向上や生産性の向上が後工程の作業性を悪くすることはないでしょうか．例えば，原価低減のために「外注品の取込み」という方策を行ったとします．この方策は生産効率の向上に伴う余剰工数の合理的活用としてはよいのですが，会社の外注方針，特に外注育成という方針に矛盾しないでしょうか？　外作品を取り込んだ当該の外注先の経営悪化を引きおこし，その他の外注先の協力意欲に影響しないでしょうか？　購買部門の強い反発を引き起こす可能性もあります．

③ 将来のデメリットを考える

考えた方策は現在の目的には合致していても，将来を考えたときにデメリットはないかということです．工数低減に対する方策を実行したとき，生産量が変動した，あるいは設備を更新したときに，生産量減少によって設備の稼働率が激変するといったデメリットを生じないでしょうか？

3.4.3　実施方策を細部展開する

ここまでで実施方策が選定・策定されました．しかし，このままでは，"よーしやるぞ"，"やれるぞ" という気持ちになるレベルではありません．方策を実施可能なレベルまで細部展開する必要があります．

(1)　上位方策のための下位方策展開

上位者によって策定・提示された方針の目標を達成する手段を職位に沿って部長→課長（さらに→係長）の順に，上位目的→目的を達成するための1次手段→その手段を実現するための2次手段，3次手段を図3.13のように展開します．

(2) 方策展開には多部門の連携が必要

方策の展開は**図3.13**のように，方策展開型系統図を活用して逐次的に方策展開されることが多いと思いますが，上位方針が「製造原価の低減」である場合に，「生産ラインの改造」が重点方策と選定されました．このとき，「生産ラインの改造」を実現するためには，**図3.14**(図2.5の再掲載)のように，技術部門による生産技術の確立，設備部門による生産設備の設計，経理部門による改造費の予算化，購買部門による生産設備の購買金額の低減，生産部門によるQC工程表や作業標準の作成と教育・訓練など関連する多くの部門の参画が必要となります．

上位方針は「生産ラインの改造(方策)による製造原価の低減〇〇％（目標）の達成」という目標＋方策の形になっているため，技術部門の方策は「生産技術の確立」という手段を示すだけでなく，「生産技術の確立(方策)による生産

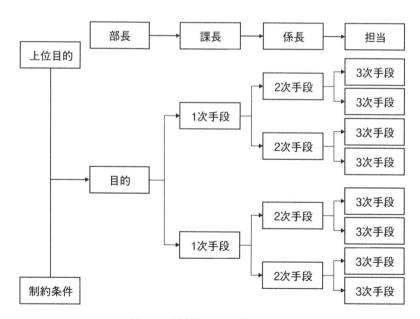

図3.13　系統図による方策の展開

第3章 方針管理の進め方

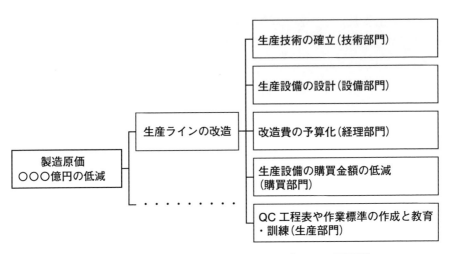

図3.14 生産ライン改造のための重点課題(図2.5の再掲載)

ラインの改造目標の一部である◇◇の達成」とならなければいけません.
　以上のことを絵にすると，方策のみを展開した図3.15(a)ではなく，方策の管理項目に対する目標値がセットになった図3.15(b)の展開であればよいということです.

(3) 方策の必要十分性
　上位目標を達成するための手段を展開するのみである場合，上位の立場から見るとすべての展開された手段が上位目標達成に対して必要十分の関係になっていない可能性があります.すなわち，「目標→達成方策(=目標)→達成方策」の関係で一方向から展開したとき，方策の中に抜け落ちが発生する可能性があります.
　そのため，「下位のすべての方策が実現できたとき上位の目標が達成されるか」という視点で，下位の方策に抜け落ちが出ないようにする必要があります.また，それぞれの部門(部や課あるいは係)の方策を実現するには，自部門のみでは実施できないものが含まれるもので，他部門に実施を依頼しなければ

3.4 社内各部門への展開と注意点

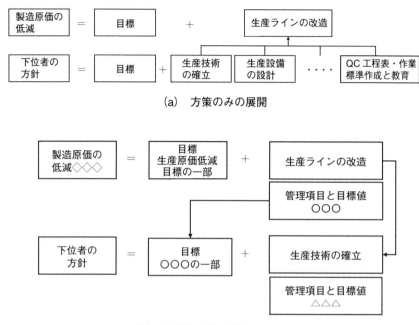

図3.15 方針管理の展開

ならないこともあります．すなわち，方策展開をする場面では上下左右のすり合わせ（キャッチボール）が必須であり，この段階で上位の方針が変更されることもあります．

(4) 期または年度にわたって実施する細部展開項目に分解する

例えば，図3.16は生産性向上を意図した活動において「業務効率を向上する」という目的のために展開された方策を示しています．

そこでは，「業務マニュアルを作成する」「業務のDX化を推進する」「業務のムダ，ムリ，ムラをなくす」という方策が展開されています．しかし，「業務のムダ，ムリ，ムラをなくす」を実現するためには図3.17に示すように，

第3章 方針管理の進め方

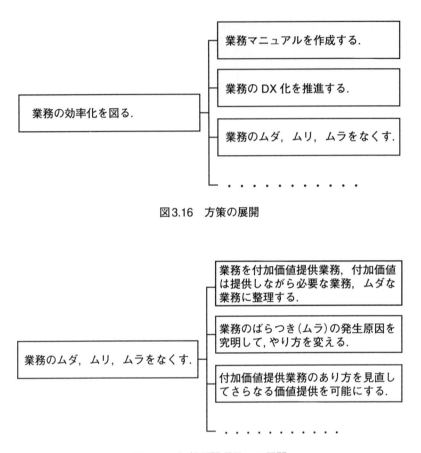

図3.16 方策の展開

図3.17 細部展開項目への展開

「業務を付加価値提供業務，付加価値は提供しないが必要な業務，ムダな業務に整理する」「業務のばらつき(ムラ)の発生原因を究明して，やり方を変える」「付加価値提供業務のあり方を見直して，さらなる価値提供を可能にする」といった，自工程完結(JKK)で強調される考え方が求められます．こうして展開されたうえで，その効果・実現性・経済性・副作用などを考慮して評価・選定し，重要実施方策が絞り込まれます．このような細部展開のできない方策は選

定してはいけないということです．

(5) 部長の想いである方策を管理する

　営業本部長の方針として「一人ひとりの顧客価値創造によって見積件数と売上高を向上する」という方針の策定されることがあります．この方針は，「一人ひとりが顧客価値創造に励む」という本部長の想いが入ったよい方針です．しかし，図3.18(a)にように，その本部長の目標系(結果系)管理項目は「売上高」であり，方策系の管理項目は「見積件数」であったというのではダメなのです．その理由は，本部長が「一人ひとりが顧客価値創造に励む」という想いを語ったとしても，そのことを管理(評価)する管理尺度が設定されていないのでは，部下の誰一人も「顧客価値創造」など考えずに「見積件数」の目標値を達成しようとするでしょう．図3.18(b)のように，本部長の想いである「一人ひとりの営業プロセスにおける顧客価値創造の出来栄えを測る尺度」を方策系の管理項目にしなければならないということです．

　これは，何も営業部門のみにある話ではありません．工場長方針が「徹底したムダの削減による製造コストの低減」といいながら，「徹底したムダの削減」

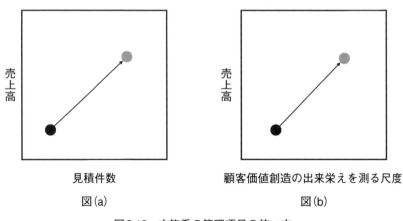

図3.18　方策系の管理項目の使い方

第3章　方針管理の進め方

という方策に対する管理項目がないのであれば，工場長の想いは無視されてしまいます．

3.4.4　方策の重要度を評価して最終案を決める

　細部展開した方策の評価は，項目ごとに評価します．実際には「3.4.1　方針の展開」(pp.67 ～ 69)で述べたように重点指向によって項目数を絞り込むことになりますが，筆者は相当な数に及んでもよいと思うし，そうしておくほうがよい場合もあります．

　実際，ある方策を実施していたときに他社特許に触れるということがわかり，別の方策を実施しなければならなくなったという場合もありました．そのようなことも考えて，複数の方策を方策の棚に入れておくことを推奨したいと思います．

3.4.5　方策の細部展開を時系列に配置する

　細部展開した項目の納期を決め，その実施順序を決めます．このとき，アロー・ダイヤグラムやPDPCなどを用いるとよいでしょう．

3.4.6　方針をまとめる

　例えば，工場長方針に対して，それが各部門においてどのように展開されているかを見るためには図3.19のマトリックス図を作成するのも案でしょう．

　このマトリックス図により，各部門の分担する項目と工場長方針との関連性が明確になります．なお，各部門の方策の中には標準化の推進や管理システムの整備あるいは人材育成などが共通に含まれていてほしいものです．

　以上のプロセスを経て，図3.20の部門長方針書と図3.21の部長方針書が作成され，図3.22の実施計画書が作成されます．

3.4.7　方針管理における3つのPDCA

　方針管理におけるPDCAのサイクルは，次の3つのタイプがあります．

80

3.4　社内各部門への展開と注意点

工場長方針	1)　原価低減活動の強力な展開	
重点実施項目	CN への取組みによる省エネルギー推進	ムダなコストの徹底削減
目標値	○○％の低減	○○百万円／年
制約条件	品質水準の維持	ムリが発生しないこと
納期	○年×月	○年◆月
業務課	…………………	・運搬方式の検討(管理項目：○○) ・部品供給先の開拓(管理項目：○○) ・業務の DX 化推進(管理項目：○○)
製造課	・消費エネルギーの管理強化(管理項目：◆◆) ・空調設備の最適運転(管理項目：○○) ・CO_2 の削減(管理項目：□□)	・工程における異常削減管理項目：○○) ・廃却処理物の軽量化(管理項目：○○) ・工端折水処理の最適化(管理項目：○○)
技術課	・生産技術の改善(管理項目：○○) ・工場内余熱利用の検討(管理項目：××) ・製造設備の改良(管理項目：△△)	…………………

図3.19　工場長方針と各課長方針のマトリックス図

20XX 年度　○○○部門長　方針書

作成日　年　月　日
作成部署

前年度の反省による問題点	中期計画の課題	'XX年度上位方針	目標(値)
		'XX年度環境予測	

No.	方　　針	目標(値)	No.	重点方策	方策目標(値)	管理項目	管理水準	担当	期限

図3.20　○○○部門長の年度方針書 [25]

81

第3章 方針管理の進め方

20XX年度　○○○部長　方針書

作成日　年　月　日
作成部署

前年度の反省による問題点	上位重点方策	目標（値）
診断指摘事項	外部・内部環境の変化	

上位No.	No.	重　点　方　策	方策目標(値)	管理項目	管理水準	担当	期限

図3.21　○○○部長の年度方針書 [25]

20XX年度　○○長　実施計画書

作成日　年　月　日
作成部署

前年度の反省による問題点	No.◇◇の上位重点方策	目標（値）

上位No.	No.	実　施　事　項	目標(値)	管理項目	管理水準	No.	細部実施事項	目標(値)	担当	期限

図3.22　○○課長　実施計画書 [25]

① 年度または期を単位とする組織全体の PDCA サイクル

② 年度内または期中における各部門，各階層での PDCA

③ 年度内または期中で発生した想定外の変化に対応するための PDPC

「①年度または期を単位とする組織全体の PDCA サイクル」は，年初または期初に策定した方針（重点課題，目標，方策）を実施計画に従って実施し，年度末または期末の効果確認にもとづいて処置を行い，PDCA サイクルを回すものです．「②年度内または期中における各部門，各階層での PDCA サイクル」は，年度または期初に策定した方針を，年度内または期中において効果確認にもとづいて処置を行い，PDCA サイクルを回すものです．そして，「③年度内または期中で発生した想定外の変化に対応するための PDCA」は，方針の達成に影響を与える組織の内部・外部の変化を予測し，必要な対応策（臨戦即応策）を計画することで PDCA サイクルを回すものです．

現在のように環境変化の激しい中においては，「**3.3.1　目標と方策の設定**」（p.59）で述べた営業部門，開発部門，技術部門などにおいては「③年度内または期中で発生した想定外の変化に対応するための PDCA サイクル」が当たり前になってきました．しかし，方針の見直しを行うためには，方針の狙う結果系の管理項目の目標値と方策系の管理項目との間に因果関係の成立していることが大前提となります．

多くの企業において，年度内または期中における方針の見直しを行うことに躊躇したり，方針の見直しに妥当性や納得性が欠けたりするのは，この因果関係の欠如に原因があるといっても過言ではありません．

3.5　方策の実行と効果の確認における注意点

方針達成のための方策は期あるいは年度にわたって展開されます．しかし，その実行においては一般に月単位で PDCA サイクルを回すことが多いものです．

第3章　方針管理の進め方

3.5.1　月度ごとの実施項目を決め，月度ごとにできるだけ詳細に記述すること

　月度ごと，当月実施すべき方策の詳細展開項目を定めるといっても，方針管理を導入した直後に詳細展開項目を定めるということは難しいかもしれません．しかし，そうした場合であっても，当月度の実施方策については詳細に決めておくべきだし，決められると思います．少なくとも前月よりはよい状態を目指しているのに，その方策の展開実施事項が当月においても具体的に明確にならず，スタッフやQCサークルの尻を叩いているというのであれば部課長としては失格です．

3.5.2　方策の各細部展開に関する実施項目ごとに責任者，実施時期を明確にすること

　これはできるだけ具体的に明確にしておくことが望まれます．担当者はさまざまな会議があるし，種々の業務があるので，実施が月末に集中してしまって不完全な実施に止まってしまうことがあります．特に，標準の作成や見直しといった項目は，少ない時間の中での実施となって形式的になる傾向があります．担当者ごとの週単位の実施項目を明確にしておく必要があります．

3.5.3　方策の実施に当たっては，その方策の目標値と制約条件を明確にしておくこと

　方策によっては，その月度内で品質，原価，生産量などの目標値と結びつかない，あるいはそれらの結果を直接評価できないものもあります．そのため，実施方策ごとにプロセス評価のできる管理項目を明確にしておくことが望まれます．このとき，管理項目には結果系（目標系）の管理項目とプロセス系（要因系）の管理項目があるということに注意すべきです．結果系の管理項目を設定することはやさしいのですが，プロセス系の管理項目を設定しておくことは意外と難しいものです．

(1) QCサークルレベルの場合

例えば，不良率を5%から3%に，4月から6月まで，工程管理の充実とQCサークル活動によって改善するという場合を考えると，目標に関する結果系の管理項目は不良率になり，その管理グラフは図3.23のようになっていることでしょう．

それは，毎月初めに前月度の不良項目に関するパレート図を作成，分析し，上位にある不良項目を攻撃対象として定め，その改善案を管理者・スタッフ，QCサークルが協力して考えた結果，不良要因が把握され，その対策が月度内に完了するからです．

この場合の方策は，①パレート図の作成，②問題不良項目の摘出，③要因の解析，④対策案の検討，⑤対策の実施，⑥効果の確認ということになります．一方，方策の管理項目は，各ステップが活動計画どおりに実施されているかどうか，要因の検出件数や対策件数などの頻度およびその内容であるということになります．

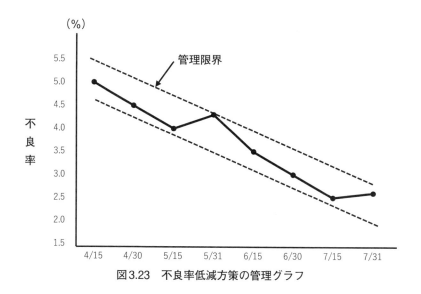

図3.23　不良率低減方策の管理グラフ

第3章　方針管理の進め方

(2)　部課長レベルの場合

　問題の種類によっては上記のように月度ごとにスピーディに改善が進み，目標の管理項目と方策の管理項目が同期するものもあります．しかし，TQMのレベルが向上し，多くの問題が改善されて，慢性不良項目や原価低減などの困難な項目のみが山積している場合もあります．

　例えば，「期末までに工程内不良率を半減する」という目標が与えられ，種々検討した結果，最も有力な対策は「設備の改造」となったとしましょう．その場合，各部門が行うべきことは以下のとおりです．

①　技術部門

　技術部門は，製造工程で発生している不具合に対する故障モードにもとづいたFTAと製品FMEAを実施し，得られた重要故障モードにもとづいてQC工程表やQAネットワークの作成を行い，他の品質特性(品質，原価，生産性など)へのデメリットはないかなどを実験も含めて検討します．

②　設備部門

　設備部門は，技術・製造部門の要求する機能を当初予算より安く，かつ納期内に完成するための設備設計や製作，発注の業務を進めます．さらに，保全や点検の容易さなども併せて考慮し，設備の立ち上げ段階でトラブルが発生しないように設備FMEAを実施します．

③　製造部門

　製造部門は，技術・設備部門に対する設計審査(DR：デザインレビュー)に参画して，積極的に意見を出すとともに，作業標準を含む各種標準類の作成，作業者に対する教育・訓練を実施します．また，工程変更(新規導入設備や改造設備)による製造初期流動段階における各種不具合を早期にかつできるだけ多く検出，技術・設備部門にフィードバックして製品や設備に関する残された諸問題を速やかに解決します．

　設備の一部改造であっても固有技術的に難しい問題であれば，方策の細部展開項目は多く，各項目の固有技術的検討やその実施の進捗管理が重要になるでしょう．

3.5 方策の実行と効果の確認における注意点

　この場合の課題は，QCサークル活動を含む日常管理の場合と違って，目標系の管理項目と方策系の管理項目が同期しないことです．仮に，設備改造のスケジュールが4月～6月までで完成，7月一杯で設備の取換え，試運転を完了し，8月より改造設備による製造を開始するものとすれば，**図 3.23**(p.85)とは違って，その管理グラフは**図 3.24**のようになるでしょう．

　この際，4月～6月は，従来の不良率の水準が維持されているかどうかが日常管理で管理され，7月以降，その方策(製造工程の変更)が期待される目標にまで到達したかどうかが管理されることになります．さらに，工程立上げ1カ月経過後の8月においても，不良率半減の目標が達成されない場合には，設備改造の方策およびその細部展開の設定が正しかったかどうかが検討されることになるでしょう．

　もし，その方策が正しい場合は，設備改造は原理的によいが設備に不具合があるのか？ 製造部門の作業に問題があるのか？

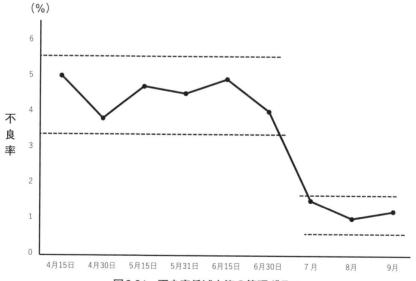

図3.24　不良率低減方策の管理グラフ

第3章　方針管理の進め方

　また方策が正しくない場合，最初に立てた方策および細部展開のどこに問題があったのか？　余分な費用はかからなかったか？　進捗管理の過程で進み遅れはなかったか？　など，方策の立案，実施の過程の業務の質が評価され改善されることになるでしょう．

3.5.4　非製造部門でも起こり得ること

　方策の設定・実施と管理における諸問題は，非製造部門でも起こり得ます．

　例えば，営業部門の売上増大という目標に対して，売上高という結果系の管理項目が設定されます．これに対する方策として「セールスパーソンの有効訪問率の向上」という手段が設定されることがあります．しかし，有効訪問率を向上すれば売上が上がるというほど甘い世界などありません．ユーザーごとの受注管理システム，顧客情報の収集システムなどの仕組みの確立を通じて業務体質を改善することが求められます．すなわち，個々の営業パーソンの販売活動の背景には，全営業部門の叡智の結集によるバックアップが適時・適切に，有効に機能し得る仕組みの確立が必要なのです．

　この場合も，目標系の管理項目の改善は，方策系の管理項目の改善後にある期間を経過した後に方策およびその細部展開の設定が正しかったかどうかが検討されることになります．

　すなわち，日常管理における維持改善を狙った活動ではなく，現状を打破することを狙った方針管理活動においては，目標系の管理項目とプロセス系の管理項目が同期しないということです．特に，方策の管理項目およびその評価は，単にスケジュールとか，現状分析，要因調査，改善案の検討，実施，効果の確認，標準化による管理の定着などの簡単な項目の羅列で済むものではありません．方策展開型系統図による方策の細部展開，それぞれの実施上の問題点除去対策，各細部展開項目の目標値（達成のレベル）などを定め，それらをアロー・ダイヤグラムやPDPC上に配列し，各項目の進捗度を管理する必要があります．

　方針管理のPDCAがうまく機能するかどうかは，プロセス系の管理項目と

88

その目標(狙う値と納期)を適切に設定したかどうかであって，単にスケジュールの進捗度を管理しているようでは永遠に方針管理の PDCA はうまく機能しないということです．

3.6　年度の途中における方針の見直しと変更における注意点

3.6.1　トップ診断による見直しと変更

　期中におけるトップ診断は，年度初めの社長方針，部方針の達成状況や問題点を把握して，必要に応じ，方針(目標と方策)の修正の要否を把握するために実施されます．また，その実施状況を調査して，方針の実施で最も困難な部門間連携や調整の実態を探り，改善すべき点を明らかにすることを狙っています．したがって，方針管理を推進するうえで期中のトップ診断は必須のプロセスです．以下のようなことが，トップ診断のポイントです．

(1)　各部門が自発的に修正・追加を適切に実施しているか

　各部門の部門長方針は，年度内あるいは期中においても，業界における市況の変化，品質，原価，生産性における新規の問題点の発生，あるいは方策を実施した結果が不満足な状態になっているなどから，方策の修正要求が出ることがあります．トップ診断の目的の1つは，各部門が自発的にそのような修正・追加を適切に実施しているかどうかを知ることなのです．

(2)　部門間の連携は十分か

　方針管理が思うようにうまくいかない原因の1つは部門間連携のまずさにあります．その連携や協力の実態を把握して不満足な場合，それを可能とする方策をトップが発想することが大切で，これがトップ診断や全社監査の重要な目的の1つなのです

第3章　方針管理の進め方

(3)　方策の展開項目の変更が必要か

慢性不良の低減や難易度の高い開発課題に取り組む場合，それらの目標を達成するための方策が部門の叡智を結集して細部展開されていたとしても，うまく進まないことがあります．このような場合，本部長などによる月度の実施状況の評価におけるヒヤリングにおいて，方策内容の切り換えの必要性が認識されると，結果系の目標を変えるのではなく，方策の細部展開項目を変更する必要が生じます．

例えば，営業部門において大型受注活動に取り組む場合，ユーザー要求や過去の受注実績，受注に至る活動の経験などを考慮して，方策の細部展開項目が時系列的に展開されます．しかし，その推進過程でユーザー要求の変更，競合他社の当該ユーザーへのアプローチの様子などに関する情報が入手され，活動開始時点で作成していた PDPC をただちに修正することで方策の変更を行うべきなのです．まさに PDPC 法は営業部門や研究開発・設計部門における必須のツールなのです．

3.6.2　早期解決課題の発生による方針の変更

年度途中に重要クレームが発生し，その根本原因が根深く，早期に部門間連携によって解決しなければならないケースがあります．このような場合，方針管理で実施しているさまざまな方策の実行が妨げられ，やむを得ず方針の中に追加して，従来の諸方策の一部を延期するようでは困ります．

あってはいけないのですが，このような緊急課題が数多く発生するような場合には，課題対応のみでなく，そのような事態が発生した根本原因（本来管理すべきであったものが管理できていなかった原因）を追究し，それに対して対策を打つことを方針として追加するべきです．

3.6.3　管理グラフの活用

方針の管理において「結果の管理グラフ」を管理することは工夫すればできるようになるのですが，「方策の管理グラフ」の管理が難しいところに方針の

3.6 年度の途中における方針の見直しと変更における注意点

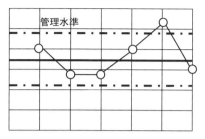
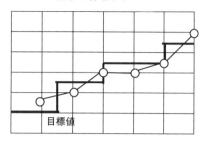

図3.25 方策の管理と目標の管理[25]

管理に対する難しさがあります．例えば，第1営業事業部の方策が「顧客有効訪問効率の向上による有効営業活動の推進」，第3営業事業部の方策が「顧客の抱える課題の把握による顧客を勝たせる営業の推進」などであれば，「顧客有効訪問効率」や「顧客の抱える課題の把握件数」によって管理できるのですが，第2営業事業部の方策が「顧客キーマンの確実な把握と対応による新規売上高の向上」といった場合，「顧客キーマンの確実な把握と対応」が計画どおりに進捗しているかどうかをどんな評価尺度(管理項目)によって管理すればよいと言えるでしょうか．多分，悩まれると思います．このための定量的な評価尺度は存在しないのかもしれません．では，どうするか．その答えは，重点方策に対する詳細な実行計画(いつまでに，何を，どこまで実行するかという詳細計画)と実績の比較による進捗度合いによる管理を行うことになるでしょう．方針の管理を見える形で管理するためには，図3.25のような管理グラフによる管理が優れた方法です．

ここでは，図3.19(p.81)の工場長方針による「ムダなコストの徹底削減による原価低減〇〇百万円／年」を例として説明します．

(1) 結果系の管理項目が OK，方策系の管理項目も OK

管理グラフにおいて「結果系の管理項目がOK，方策系の管理項目もOK」という最も好ましい場合です．とりあえずムダなコストの低減活動を維持して

第3章　方針管理の進め方

いればよいといえます．これは「**表 2.1　人財，人材，人罪，人在**」（p.23）に
おける「大学の講義に全部出席し，課題レポートもすべて提出した結果，科目
の単位を取得した学生で，模範的な学生である」といえます．人事マネジメン
トでいえば，このような人を「人財」というのだそうです．

　成功要因を分析することで組織能力の強化につなげることができます．目標
を達成するのに取り上げたムダなコストの徹底低減のための方策のうち，目標
の達成に大きく貢献したものが何か，方策の実施計画が計画どおり実施できた
ポイントは何かを明らかにすることが望まれます．

(2)　結果系の管理項目が NG，方策系の管理項目が OK

　管理グラフで「結果系の管理項目が NG，方策系の管理項目が OK」という
場合です．方策系の管理項目が OK であるということは，ムダなコストの徹
底低減という方策は計画どおりに進捗できているのに製造原価という結果系の
管理項目が目標未達になっていることから，方策と目標の因果関係に問題があ
ると考えられます．したがって，方策を変更することを考える必要があります．
これは，「大学の講義には全部出席したし，課題レポートもすべて提出したの
に単位を取れなかった」という可哀そうな学生です．勉強の仕方に問題がある
可能性があるため，その辺りをアドバイスすることになるでしょう．人事マネ
ジメントでは，この種の人は，将来人財となる宝の「人材」というのだそうで
す．

　方策の実施計画は計画どおり実施したのであるから，目標達成のための方策
が見当違いであったのか，寄与の度合いが予想より小さかったのかなどを明ら
かにする必要があります．目標が未達成の理由を外的要因や他部門の責任に帰
することは避け，自責要因の部分に着目することを基本とすることが大切です．

(3)　結果系の管理項目が OK，方策系の管理項目が NG

　管理グラフで「結果系の管理項目が OK，方策系の管理項目が NG」という
場合です．ムダなコストの徹底低減という方策系が計画どおりに進捗できてい

ない原因を明らかにすればよいのですが，これは，「大学の講義は手を抜いたのに単位がとれた」という場合なので，「運がよかった」といって放置しておくと，次の科目では不合格になるリスクがあります．人事マネジメントでは，この種の人は「人罪」であるといったりします．NTT データ㈱の某会長が品質管理シンポジウムの特別講演の中で，「このような人のことを『腐ったりんご』という．箱の中に入れておくと，他のりんごまで腐るから捨てなければならない」と言われていました．

　ムダなコストの徹底低減という方策の実施計画を計画どおりに実施しなかったにもかかわらず，原価低減の目標値を達成したタイプです．策定した方策の実施計画以外の要因で目標を達成した可能性があるため，結果良ければすべて良しとはせずに，方針策定時点で考慮し損なった要因の目標への寄与の度合いを把握する必要があります．例えば，考慮しなかった要因としては，経営環境の変化，為替変動のような外的要因などが考えられるでしょう．方針策定段階でこれらをなぜ考慮し損なったのかを追究することが大切で，なぜ方策・実施計画が計画どおり実施できなかったのか，またはしなかったかの要因を追究する必要があります．

(4)　結果系の管理項目が NG，方策系の管理項目も NG

　管理グラフで「結果系の管理項目が NG，方策系の管理項目も NG」という場合です．ムダなコストの徹底低減という方策系が計画どおりに進捗しない原因を明らかにする必要があります．表 2.1 (p.23) でいえば，「大学の授業には出席しなかったし，課題レポートも提出しなかった結果，当該科目が不合格になった」という自業自得な学生です．とにかく講義に出席するように促すことから始まるでしょう．人事マネジメントでは，このような人を「人在」というのだそうです．

　なぜ方策の実施計画を計画どおり実施できなかったのか，またはしなかったのか，その原因を追究する必要があります．

第3章　方針管理の進め方

3.6.4　期末レビューにおける着眼点

部門を統括する管理者は，部門の方針管理の状況について集約して総合的にレビューし，次期に取り組むべき課題を明確にする責任を持っています．そのレビューに当たっては，以下の項目を配慮する必要があります．

① 部門の方針のうち，下位に展開したものについての期末の報告書をレビューする．

② 部門の方針について，目標と実績の差異を分析する．

③ 目標の達成状況と方策の実施計画の実施状況との対応関係にもとづいて，部門の方針管理のあり方について見直す．

(1)　下位に展開した方針についてのレビュー

下位に展開した方針の達成状況・実施状況を下位の管理者・担当者が作成した期末の報告書にもとづいてレビューを行います．この際，次の事項を考慮するとよいでしょう．

① 下位の管理者，担当者や関係する他部門，パートナーが集まってレビューを行うための場を設定する．

② 方針展開の構造にもとづき，部門の重点課題ごとに報告し，議論を行う．

③ 下位の管理者や担当者が認識している今後取り組むべき課題を聞く．

④ 方針の達成状況と実施状況に加え，方針管理の運営状況についても確認する．

⑤ 自分の指示や支援あるいは経営資源の提供が適切だったかどうかを確認する．

⑥ 報告内容について不明な事項が生じた場合には，現場に出向いて，現物を見て，触って，匂いを嗅いで，現実を確認する．

(2)　個別の方針ごとの目標と実績の差異分析および原因分析

部門を統括する管理者は，方針として取り上げた目標と達成した実績との差異分析を行い，当該の方針にかかわる領域において次期の方針で取り組むべき

課題を摘出します．その差異分析に当たっては，次の事項を考慮するとよいでしょう．

① 目標と実績とを時系列で，平均だけでなく，データのばらつきにも着目して分析する．

② 目標と実績との差異を層別およびパレート分析し，差異を生じさせた重要な要因を見きわめる．

③ 目標と実績の方策・実施計画の実施状況との相関関係や目標と実績の差異を方針展開の構造にもとづいて分析し，目標に対する方策の寄与の度合いを明確にする．

④ 方策の実施計画に掲げながら実施できなかったことについて，実施できなかった理由を"なぜなぜ"を繰り返して追究し，業務プロセスにおける原因を明確にする．

⑤ 競合他組織の実状を調査・分析し，自組織の実績と比較する．

(3) 方針管理の面からの分析

各々の重点課題に対して，当期の目標を達成したかどうか，対応する方策・実施計画が計画どおり実施されたかどうかを組合せで評価します．

部門を統括する管理者は，上記の判定や分析の結果を部門として総合的に分析し，自部門における方針管理のプロセスについてレビューします．そのレビューに当たっては，次の点に着目するとよいでしょう．

① 上位の方針，自部門の中期計画，前期のレビュー，経営環境の分析などを踏まえて，重点課題を絞り込んだか，明確な目標を設定したか．

② 自部門の特徴・組織能力を十分に考慮して目標を設定したか．

③ 目標を達成するための方策が，目標と方策の関係を正しく考慮したものであったか，また，具体的であったか．

④ 方策の実施に当たって，完了予定日，役割分担などを明確にした実施計画を定めていたか．

⑤ 目標の達成状況や方策の実施計画の実施状況を正しく評価できる管理項

第 3 章　方針管理の進め方

目を定めていたか．また，途中の確認および処置を確実に行ったか．

⑥　必要な経営資源が適時・適切に充当できたか．

⑦　関連する部門との連携はよかったか．

(4)　分析結果にもとづく処置の検討

目標と実績の差異分析および目標の達成状況と方策・実施計画の実施状況の対応関係の分析にもとづき，次の視点からとるべき処置を検討します．

①　次期以降の部門の方針および中期計画に，分析の結果から必要と考えられる事項を反映する．

②　引き続き取り組む必要のある方針は，次期の方針の重点課題の候補とする．

③　中期計画を期ごとに更新する場合，または計画開始年度から完了年度まで計画を継続する場合のいずれの方式でも，関連する方針の分析結果にもとづいて見直し，必要があれば更新する．

④　自部門が担当している技術や管理に関して改善すべき事項を，固有技術や管理技術の側面から，再発防止の処置をとる．例えば，技術標準の制定・改訂，デザインレビューの仕組み・プロセスの見直しなど．

⑤　品質保証，原価管理，納期管理，安全管理，人事管理などの組織全体のマネジメントシステムに関して改善すべき事項は，トップによる期末のレビューの機会などに当該事項を主管する部門へ提案する．例えば，品質保証体系，原価管理体系などの仕組みにかかわる改善事項など．

⑥　所期の目的が達成して次期の課題にならなかった方針（重点事項・目標・方策）は標準化を行い，次項を考慮して日常管理へ移行する．

⑦　目標の達成状況を評価した管理項目が，日常管理の管理項目でなかった場合は，日常管理の管理項目として追加し，達成された実績値をもとに管理水準を定める．また，日常管理の管理項目であった場合は，従来の管理水準を達成された管理水準をもとに改訂する．

⑧　目標の達成に有効だった方策は，業務プロセスに反映し，プロセスフ

ローチャート，作業標準，技術標準などの関連標準の制定・改訂を行うとともにその教育・訓練を行い，日常業務で確実に遂行できるようにする．

⑨　自部門の方針管理のプロセスに関して改善すべき事項は，次期のプロセスに反映する．

（5）　トップ診断

昔，日本品質管理賞（現在のデミング賞大賞）に2回も挑戦，受賞されたアイシン・エイ・ダブリュ㈱の社長であった故・豊田稔氏が，「品質月間テキスト」に書かれた文章に「私は，社長診断に命を懸けている」という一節がありました．トップ診断や全社監査は1年に2回定期的に行うのはよいのですが，同氏のように命がけで行っている経営トップがどの程度いるのでしょうか．

トップマネジメントは，組織の人々に方針を浸透させ，参画意識を持たせるために，各部門における方針の展開状況や実施状況の診断を行います．この診断は，現場に出向いて，現物を見て，現実を知ることによる診断を通じて，トップマネジメントが，各部門の課題・問題，方針達成のためのプロセスと方針の達成状況を把握するためにも有効になります．

トップマネジメントによる診断は，次の手順で実施するのがよいでしょう．

①　目的に応じて，期の適切な時期で，各部門または部門横断チームに対して診断を実施するよう計画する．

②　診断者は，対象部門または部門横断チームの診断に必要な組織のトップマネジメント数名で構成する．被診断者は，対象部門および部門横断チームの責任者，およびその部門，または部門横断チームの管理者・担当者である．

③　被診断者である部門または部門横断チームの責任者は，トップマネジメントに対して，組織方針に沿った部門または部門横断チームにおける，方針の展開およびその実施状況を説明する．その後，トップマネジメントは，実施状況を現場，現物，現実で確認する．

④　トップマネジメントは，診断の結果から，組織方針の浸透度合いを把握

第3章　方針管理の進め方

表3.2　トップ診断における重点の絞り込み

管理項目	問題点	重要度	緊急度 (他社比較)	実現度 (納期)	経済性 (リソース)	総合評価 (方針/日常)
法規						
品質						
コスト						
量・納期						
安全						

・日常管理(既存の仕事のやり方で解決できる)ものか，方針管理(現状打破を狙った活動)で攻めるものかを明確にする．
・機能間の矛盾を解消
・部分最適から全体最適へ
・部門間の調整(部門長のリーダーシップ)

表3.3　人間ドックとトップ診断の比較

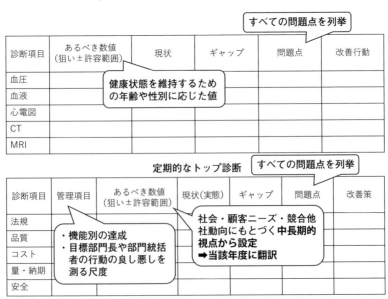

するとともに，部門または部門横断チームの管理能力および問題解決能力を評価する．また，部門または部門横断チームの課題・問題を把握し，トップマネジメントの立場から指摘，助言を行う．

⑤　部門または部門横断チームは，診断で明らかとなった課題・問題について，改善を実施するとともに，必要に応じて報告を行う．

トップマネジメントは，組織方針の策定・展開の前提としていた経営環境に常に注意を払い，大きく変わったと判断した場合には，遅滞なく組織方針およびその展開を見直し，組織が環境変化に対してすばやく対応できるようにリーダーシップを発揮する必要があります．

以上のトップ診断における問題点の摘出は，表 3.2 のようなシートによって行うことが参考になるでしょう．また，それと人間ドックにおける診断との違いは，表 3.3 を見れば明らかになるでしょう．

3.7　方針管理の進め方におけるそのほかの注意点

以上で「方針管理の進め方」の説明は終わりますが，最後に少し注意点を述べておきたいと思います．

3.7.1　社長方針と本社，事業部，研究所方針とのすり合わせ

社長方針と本社，事業部，研究所方針とのすり合わせについては，図 3.11 (p.69)のようなマトリックス図を作成して抜け落ち・洩れなどを整理するとよいでしょう．このとき，社長方針と検討している各部門の方針の交点を◎，○，△などの記号で示すのもよいし，それぞれの交点の枠内に部門方針を箇条書きするのもよいでしょう．

3.7.2　方針にもとづく経営目標

方針にもとづく経営目標については，生産あるいは営業部門では具体的な展開や割り付けが可能なのですが，本社部門，研究開発部門あるいは事業部門の

第3章 方針管理の進め方

間接部門においては必ずしもすべての実施方策が経営目標値の達成に直接役立つものでないかもしれません．このような場合，実行すべき方策のレベルおよび達成件数を目標値としてもよいでしょう．それは，目標値に問題があるというわけではなくて，その部門のチャレンジすべき方策をいかに深く考え，絞り込んだか，深く考え実行したかということで評価されるべきであって，結果のみでの評価はされないということです．

3.7.3 目標―方策マトリックス図の適用

各職位の目標―方策マトリックス図は，部門によって，職位によって一律というわけではありません．新規工場の新設というプロジェクト方策に対して，経理部門の担当する予算化という業務は，関係部門との調整によって進められます．しかし，それは，工場長方針の大幅な製造原価低減という目標や生産性の向上という目標には役立つとしても，経理部門の品質，原価，量・納期の業績向上には直接影響を与えるわけではありません．この場合は，工場プロジェクトの重要方策の目標，納期，制約条件などが定められ，これらのうち経理部門の分担すべき方策を，制約条件を考えながら，納期内に望ましいレベルまで達成することに重点をおくべきで，こんな場合に目標―方策マトリックス図を作成しても意味がないことは明らかでしょう．

3.7.4 すべては慣れである

ここまでのステップで述べたことを全プロセスのすべての方策(項目)について完全に実行することは容易なことではないと思います．むしろ，困難な問題にこれらのステップを適用して，やさしい問題には適用しないという重点指向の態度が必要でしょう．また，このように完璧と思われる計画を策定しても，方針管理を始めて数年(1～2年)は手法の習得が不十分なためうまく行かないものです．これは統計的手法を学習しても，その上手な活用には相当な経験が必要であることと同じかもしれません．

100

3.7.5 方針管理に関する指針

　方針管理に関する指針は，「日本品質管理学会規格 方針管理の指針」[23] と
して，一般社団法人 日本品質管理学会から出版されています．方針管理に関
する基本的な考え方がコンパクトに整理されているので参照されるとよいで
しょう．

第4章

方針管理におけるTQM,日常管理,QCサークル活動の位置づけ

　本章では，方針管理と関係の深いTQM，日常管理，QCサークル活動について考えます．

4.1　TQMの基本的な考え方

　「TQMとは何か」については，デミング賞委員会において詳しく説明されています．TQMの定義について関心のある方は，デミング賞委員会のホームページを参照していただきたいと思います．

　そこに述べられていることを一枚の図にすると，図4.1のようになります．

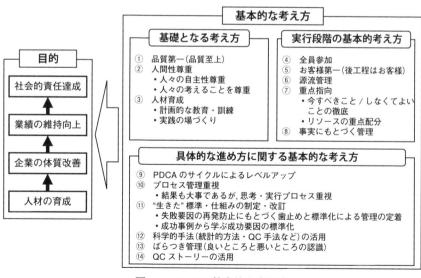

図4.1　TQMの基本的な考え方

第4章 方針管理における TQM，日常管理，QC サークル活動の位置づけ

4.1.1 TQM の目的は何か

TQM が狙っているのは，図 4.1(p.103)が示すように，企業が社会的責任を達成することであり，そのために企業業績を維持向上することです．そして，そのために企業の体質を改善することであり，それは人材の育成によって達成されます．

4.1.2 基礎となる考え方

TQM の目的を達成するための基礎となるのは，経営トップから全部門・全階層の一人ひとりが，品質第一の考え方を真に理解することです．企業が利益を追求するものである限り，そこに働く人々が利益を追い求めることは当然なのですが，一人ひとりの社員が「後工程はお客様」の理念にもとづいてよい仕事を行うこと，すなわち，業務プロセスの「質」を向上することです．そして，人々の「自主性」と「考える」という人間性を尊重し，計画的な人材育成を実践することです．

4.1.3 TQM の実行段階における考え方

「4.1.2 基礎となる考え方」で述べたような崇高な理念を持つ TQM を実行する段階における考え方は，次のようなものです．

① 全員参加による活動であること
② お客様第一(後工程はお客様)であること
③ 源流管理を基本としていること
④ 重点指向であること
⑤ 事実にもとづく管理であること

詳細に関心のある方は，細谷の『QC 的ものの見方・考え方』[27] を参照してください．

4.1.4 TQM の具体的な進め方における基本となる考え方

そうした考え方にもとづいて TQM を具体的に進める際の基本的な考え方

は，次のようなものです．

① PDCA サイクルによるレベルアップをはかること

② プロセス管理を重視すること：結果主義ではなく，思考・実行のプロセスを重視すること

③ 生きた標準・仕組みを制定・改訂すること：失敗要因の再発防止にもとづく歯止めと標準化による管理の定着をはかることに加えて，成功事例から学ぶ成功要因の標準化をはかること

④ 科学的手法を活用すること

⑤ ばらつき管理を行うこと：よいところと悪いところの違いを認識すること

⑥ QC ストーリーを活用すること

これも『QC 的ものの見方・考え方』[27] に詳しく説明されているので，関心のある方は同書を参照してください．

4.2 TQMの活動要素

TQM の基本的な考え方を紹介しましたが，「**図 2.1 方針管理による改善と革新**」(p.10)の用語，問題解決型アプローチによる改善(再発防止)活動，設計的アプローチによる改善，創造的アプローチによる革新(革新活動)で示したように，TQM の活動要素は，現状の維持活動，再発防止活動，改善活動，革新活動の4つの活動から構成されます．

石川馨は，その著書『第 3 版 品質管理入門 A 編』[28] の pp.79 ～ 80 において，「管理というのは，どちらかというと現在の能力をいっぱいに発揮し，現状を維持しながらいろいろのことを再発防止して少しずつよくしていくことであり，単なる現状維持ではない．一方改善というのは積極的に能力を向上させていく仕事である．したがって管理と改善とは一見別の仕事のように見える．……中略……「管理しようとすれば自然に改善が行われ，改善を行おうとすれば，自然に管理の重要性がわかってくる．すなわち，管理と改善は車の両輪の

第4章　方針管理におけるTQM，日常管理，QCサークル活動の位置づけ

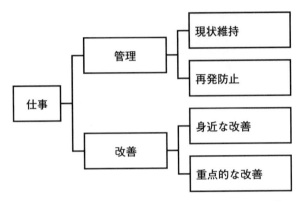

図4.2　現状維持，管理，身近な改善，重点的な改善

ようなもので，両方ともしっかり推進していかないと，車はうまく動かなくなってしまう．改善は，問題点を積極的に見つけて良くしていく仕事で，これを2つに分けて，身近な改善と本格的・重点的な改善とを考える．身近な改善というのは，職場ごとに身近にある問題点を積極的に捜して次々と良くしていく仕事で，例えばQCサークル活動や職場の創意工夫や提案制度などを活用して推進していく改善である．……中略……これに対し，本格的・重点的，現状打破的な改善があり，これは企業として重点を決めて，技術革新的に行う改善である．」と述べています．すなわち，私たちの仕事は図4.2のように説明できるのです．この重点的な改善活動を革新活動と理解することもできるでしょう．

4.2.1　現状維持活動

　TQM活動のもっとも原点となる活動は，現状の維持活動です．
　製造現場に限らず第一線の職場においては，4M(人，材料，機械・設備，方法)の要素が日々変化しています．その変化が発生したときでも，顧客(後工程)に不良品を流出させないためには「検査」を必要とします．しかし，顧客に対して保証すべき特性(保証項目を物理的あるいは感性的に測定したもの)のすべてを検出保証することは不可能であるか，可能であるとしても経済的では

ありません.

そこで,作業や材料あるいは設備などに対して標準や規格を設定し,仕事が標準や規格から逸脱しないようにする活動を現状維持活動として推進しています.

4.2.2 再発防止活動

品質管理では,品質特性が時々刻々と変化することを「ばらつきがある」といい,そのばらつきを,図4.3のように,「異常原因によるばらつき」と「偶然原因によるばらつき」に大別します.

この2種類のばらつきの中で,「偶然原因によるばらつき」とは,4Mが許容範囲の中でばらついている状態をいいます.したがって,現在の業務プロセスを変えない限り存在を認めなければないないばらつきです.一方,「異常原因によるばらつき」とは,4Mが標準条件の許容範囲を外れている場合に発生するばらつきです.

品質管理において「プロセス(工程)で品質をつくり込む」という言葉があります.これは,良品をつくることのできるプロセス(工程)条件を明らかにし,標準として設定したうえで,プロセス(工程)がその標準から逸脱しないようにすることです.そして,もし逸脱があった場合には,仕事を「止め」,上司を「呼び」,彼らが来るのを「待つ」ことで,異常による不具合拡大を防止するとともに,応急処置を行い異常原因を追究することで再発防止を図るのです.

この現状維持活動と再発防止活動および次の身近な改善活動の一部が日常管

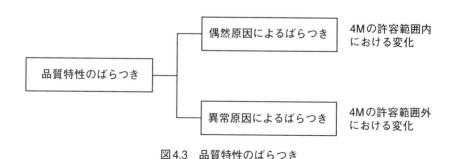

図4.3　品質特性のばらつき

理活動です.

4.2.3 身近な改善活動

　日常管理活動は身近にある問題点を積極的に捜し出して，次々とよくしていく仕事のことだと説明されています．職場に潜在する不具合（見えていない不具合）を捜し出して，その不具合の発生原因を追究し，対策を施し，効果を確認することで，歯止め・標準化によって再発を防止する活動です．この活動は管理者・スタッフがQCサークル活動などとともに行う改善活動です.

　「我が社では，自動検査システムによる全数検査を行っているから，管理図による工程管理などは無用である」と豪語される方もいますが，それは「検査」と「管理」の意味を誤解したために出た発言ではないでしょうか.

　図4.4のヒストグラムを見ると，全数検査の効果として，すべての製品特性値が上下限の規格を満足していて，工程能力指数の推定値も $\hat{C}_p = 1.905$ と非常に高い値になっていることがわかります．しかし，$\overline{X} - R$ 管理図を見ると群No.5の平均値が管理上限 UCL を逸脱しているため，この工程は統計的に管理されたものではないことがわかります.

4.2.4 重点的な改善活動（革新活動）

　品質を保証するためには現状維持活動や再発防止活動あるいは身近な改善活動が基本です．しかし，社会や顧客のニーズは絶えず変化しています．そうしたニーズの変化を迅速に把握して，それに対応することができなければ企業は持続的に成長することが叶いません.

　そのため，社会や顧客のニーズを的確に把握し，企業はそのニーズに合致した製品やサービスを企画，開発，設計，生産することを行わなければいけません．また，そうした製品やサービスを開発し，品質を確実に保証するためには，図4.5に示すように，その技術レベルを向上させなければいけません.

　工場長から「生産副資材費，労務費（工数），不良率の低減による製造コストの30％低減」という方針が出されたとき，これを実現するためには，副資材

4.2 TQMの活動要素

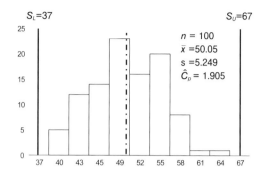

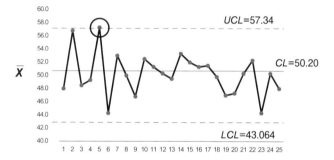

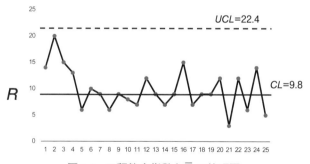

図4.4　工程能力指数と$\bar{X}$-R管理図

第4章 方針管理における TQM，日常管理，QC サークル活動の位置づけ

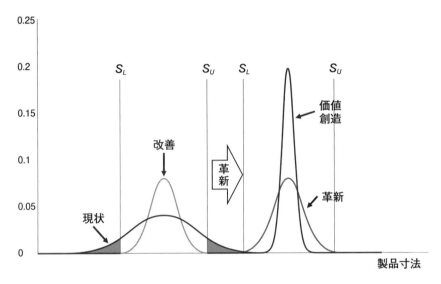

図4.5 改善と革新による魅力品質創造と品質保証

費の低減，労務費(工数)の低減，不良率の低減という当面の課題を解決しなければなりません．しかし，副資材費の低減を行うためには切削チップの寿命延長や設備のチョコ停(停止した後，数十秒から数分間で復活する停止)の削減などという問題を解決しなければいけません．

さらに，そのチョコ停の削減問題には，以下のようなさまざまな問題のうち，いずれが真因であるかを突きとめて，これを改善する必要があります．

① 機械の不具合：センサーやモーターの故障や機械構成部品の摩耗
② 作業者の問題：誤った操作ミスや設定ミス
③ 原材料の問題：不良品や部材料の供給の遅れ
④ 環境の問題：職場内の温度や湿度の変化，電源の不安定さ
⑤ メンテナンスの問題：正しく行われていない定期点検やメンテナンス

さらに，こうしたチョコ停発生が品質不具合の原因であるとすれば，異常報告書を発行し，責任部署による原因究明と再発防止策を策定し，しかるべき技

術標準や作業標準の改定や訂正を行います．さらに，工程管理システムの変更を余儀なくされることもあります．また，①〜⑤の原因に対する再発防止策の徹底ということになれば，設備設計を担当する生産技術部門，設備部門，作業者に対する作業標準の遵守にかかわる製造部門，原材料の調達や調達先の育成にかかわる調達部門，職場内環境整備の担当部門など，部門の壁を越えた活動を行う必要があります．

「生産副資材費，労務費（工数），不良率の低減の徹底による製造コストの30％低減」という革新的な活動を推進するためには，多くの関係部門の協力が必要となります．このような部門間連携を必要とする活動が方針管理活動なのです．

4.2.5 品質管理手法教育

このような現状維持活動，再発防止活動，身近な改善活動，革新活動を無手勝流で行うことはできません．仮にできたとしても，それはきわめて非効率な活動になるでしょう．

そのため，QC 七つ道具，新 QC 七つ道具，統計的検定と推定，あるいは分散分析，実験計画法，品質工学，多変量解析法，機械学習などの科学的手法，IE や OR などの現場マネジメント手法に対する教育を人事昇格・異動のタイミングと合わせて計画的に実施することが必要となります．

4.3 TQMモデル

このような全社的品質管理活動（TQM 活動）を一枚の絵にしたものとして，図 4.6 に示した「TQM モデル」があります．

このモデルは，シンプルでありながら TQM の意味を的確に表現した秀逸なモデルです．「図 4.6　TQM モデル (1)」に書かれた 3 つの言葉，「お客様第一」「絶え間ない改善」「全員参加」の意味を p.112 の囲み《TQM モデルの意味》に示します．

111

第4章 方針管理における TQM，日常管理，QC サークル活動の位置づけ

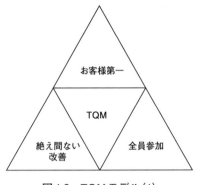

図4.6　TQM モデル(1)

《TQM モデルの意味》

① **お客様第一**：顧客の満足を最優先に考え，製品品質やサービスの質の向上を目指し，お客様のニーズや要望を理解して，それに応えるための業務プロセスの改善・革新を行うこと

② **絶え間ない改善**：組織全体が持続的な改善を追究し，組織に潜むムダ・ムラ・ムリなどの問題と異常を見つけ，その原因を分析することで効果的な対策を講じ，プロセスや製品の品質を向上すること

③ **全員参加**：すべての従業員が品質向上に参加することを重視し，経営トップのリーダーシップの下，組織のあらゆる階層のすべての人々が協力し，意見を出し合って，共通の目標に向かって努力すること

　この「TQM モデル」はトヨタグループの基本モデルとして共有されているだけでなく，広く国内外の多くの企業における基本モデルとなっています。
　今1つの TQM モデルは多くの TQM にかかわる専門家が品質管理の啓蒙書において参照する「図 4.7　TQM モデル(2)」です。
　ここでは，TQM の目的が企業の適正利益の確保と環境貢献であり，それは価値創造と品質保証というプロセスによって結実するものであることを説明しています。そして，そのプロセスを実現するためには，次の3本柱が整備され

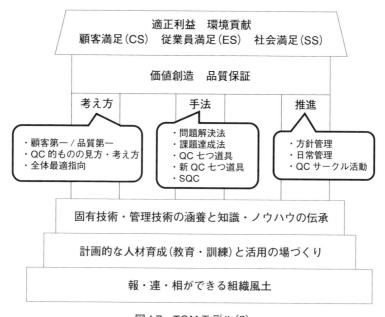

図4.7　TQMモデル(2)

ているべきであると説明しています.

《TQMで整備すべき3本柱》

① **考え方**：顧客指向／目的指向(品質指向)を指向しながらQC的ものの見方・考え方をベースとして全体最適を目指すこと
② **手法**：問題解決や課題達成のために無手勝流ではなく，問題解決法や課題達成法，QC七つ道具や新QC七つ道具あるいは統計的手法を活用すること
③ **推進**：経営トップのリーダーシップの下で，方針管理，日常管理，QCサークル活動を推進すること

そして，第三のモデルは「図4.8　TQMモデル(3)」です．このモデルは，

第4章　方針管理における TQM, 日常管理, QC サークル活動の位置づけ

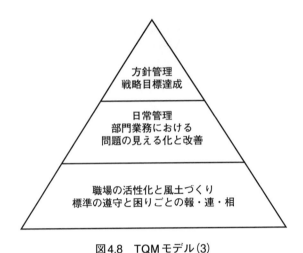

図4.8　TQM モデル(3)

TQM を構成するのは,「方針管理」「日常管理」「職場の活性化と風土づくり」であると説明し,方針管理の TQM における位置づけを,「図4.7　TQM モデル(2)」よりも明確にしています.

4.4　PDCAとSDCAがTQMの基盤

　ここまで TQM に関するいくつかの話題を紹介してきました.しかし,前節に述べたように,TQM は全社一丸となって,現状維持,再発防止,身近な改善,革新の活動を絶え間なく行うことです.その活動は,図4.9 が示すように,計画(P)または標準(S)にもとづく実施(D),その結果の効果確認(C)による処置(A)の PDCA サイクルまたは SDCA サイクルを成長軌道に乗せながら回すことです.

　TQM は,あらゆる環境の変化に対応できる企業体質を強化することを指向していると述べてきました.そして,そのためには経営トップのリーダーシップによる方針管理と日常管理を経営の両輪として推進することが重要であると説明してきました.ここで改めて方針管理と日常管理における基盤が何であっ

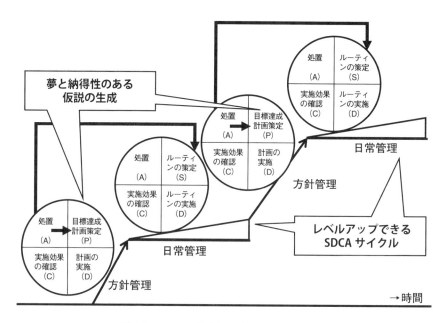

図4.9 PDCAサイクルとSDCAサイクル

たかを説明したいと思います．

4.5　方針管理におけるTQMの位置づけ

　方針管理とは以下のような手順で企業の中期計画，社長方針を実現させるためのものです．

《方針管理による企業理念実現》
① 企業理念を実現するための中期経営計画を策定する．
② 中期経営計画を実現するための社長方針を策定する．
③ 社長方針をすべての部門に展開する．
④ 部門長方針の実施計画を策定して計画どおりに実施する．

115

第4章　方針管理における TQM，日常管理，QC サークル活動の位置づけ

　このとき大切なことは，夢と納得性のある仮説（あるべき姿）を生成することです あるべき姿生成のポイントは，次の2つです．

《あるべき姿　生成のポイント》

① すべての人々がチャレンジしようという気持ちになる項目，目標，方策を方針に含めていること

② 実行段階において，経営トップが中心となって進めるべき項目が含まれていること

　《あるべき姿生成のポイント》の①については，提示された目標項目と目標値および方策が明確であって，企業経営への有効性が明確になっていなければいけません．その意味で，コマツの旗方式（図 2.13, p.45）によるマネジメントの考え方は優れた方法であると思います．

　工場長方針として，「生産副資材費，工数（労務費），不良率の低減によって製造コスト 30%低減」という方針を出すのはよいのですが，副資材費の低減目標，工数（労務費）の低減目標，不良率の低減目標がいくらであって，それらの目標値がコスト低減 30%とどのような因果関係にあるのかを明確にしなければならないのです．そのためには，コマツの旗方式（図 2.13）のように，現状の副資材費がいくらであって，その費用が製造原価にどの程度影響しているのかを明らかにしなければならないのです．この点を明確にするために工夫されているのが，図 4.10 に示す Toyota A3 One Sheet としても知られる問題解決型 QC ストーリーです．

　図 4.10 に示された「問題解決型 QC ストーリー」の8ステップは，QC サークル活動の発表資料作成にも利用されるため，「発表資料づくりのフォーマット」として受け取られがちですが，そうではありません．「問題解決型 QC ストーリー」の8ステップは先達が問題解決を抜け落ちなく進めていくための知恵なのです．QC 検定3級のテスト問題としても「問題解決型 QC ストーリー」が出題されています．最近では「問題解決の進め方」として小学校や中学校で

4.5 方針管理における TQM の位置づけ

1. テーマの選定 事実データにもとづく問題や課題の明確化	4. 要因の解析 特性要因図による「なぜなぜ分析」や連関図による複数問題に対する要因に対する仮説の設定と実験による仮説の検証
2. 現状把握 データのグラフ化(ヒストグラムや時系列図)による現状の見える化	5. 対策案の検討と実施計画の作成 系統マトリックス図による問題解決手段の検討と「効果」「実現性」「経済性」「リスク」などの多面的評価による最適手段の決定. また, 最適手段の詳細実施計画の作成
	6. 対策の実行 詳細実施計画にもとづく手段の実施
	7. 効果の確認と評価 実施結果と目標値の比較による効果の確認
3. 目標の設定 何を, いつまでに, どのくらいを決める	8. 残された課題と今後の対応 「目標未達の場合, その原因は何か」「目標達成の場合, その成功要因は何か」を明らかにして, 標準化と今後の対応策の記述

図4.10 問題解決型QCストーリー

「問題解決型 QC ストーリー」が教えられることもあります.

しかし, 企業において, 管理者スタッフから部次長さらには役員層へと上流になればなるほど, 「問題解決型 QC ストーリー」による問題解決の進め方についての説明力が低下していることがあります. それは, 単に資料のまとめ方がまずいのではなく, 問題解決を抜け落ちなく進めることに失敗しているからです. そうした方は自身の発表がKKD(経験と勘と度胸)による説明になっていることを知らないのです.

図2.5(p.25)に示したように, 「生産ラインの改造」という場合, 技術部門による寿命の○○%向上, 設備部門による寿命の△△%向上などのように, 方策を細部展開したうえで妥当性のある副資材費○○%低減という目標値(方策の場合には, 「計画値」ともいう)を設定しなければならないのです. これを数値として提示できないのであれば, 「副資材費の○○%低減」という方針には納得性が欠如していることになります.

117

第4章　方針管理における TQM，日常管理，QC サークル活動の位置づけ

また，《あるべき姿 生成のポイント》(p.116) の②では経営トップ自身の行動を求めています．コスト低減目標や品質問題の解決目標が上位管理者から下位に順次展開され，下位へ割りつけられ，実行は最末端の組織が行い，管理者は監視・点検するだけ，「私，展開して監視する人」となっていてはいけないということです．コスト低減問題であっても，工場長が中心となって，各部門を活用し，予算化し，本社との折衝を行い，技術問題を解決し，設備改善，生産準備，人材育成を行うなど，QC サークル活動のみでは実現できない大きな改善を行う必要があるということです．すなわち，社長，事業部長，工場長，支店長など，それぞれの職位において，その部門長が中心となって，部下を使い，関係部署と調整を図りながら進めるべき方針項目が存在しなければならないということです．

4.6　方針管理における日常管理の位置づけ

4.6.1　日常管理とは

日常管理は，次のように定義されます．

《日常管理の定義》
　組織のそれぞれの部門において，日常的に実施されなければならない分掌業務について，その業務目的を効率的に達成するために必要なすべての活動

そして，日常管理の基本は「各々の部門が定めた分掌業務に対する作業標準などの標準を遵守して，現状を維持していくことである」とも言われます．
　確かに現状の望ましい水準を維持することは，第一線の職場の統括管理者である課長や係長からすれば，もっとも優先すべきことであるかもしれません．
　しかし，第一線の職場では働く人々，使用する部材料や機械・治工具，あるいは労働環境などが気づかないうちに変化し，与えられた標準類が品質やコストあるいは納期目標を達成することと合致しない状況になっているものです．そ

4.6 方針管理における日常管理の位置づけ

うした状況における問題点をいち早く捜し出し，管理者・スタッフがサークル活動と一緒になって，身近な改善活動を推進することで，解決することが求められています．

日常管理は，現状を維持しながらいろいろなトラブルや不具合の再発防止をする活動とともに，職場にある問題点を積極的に捜し出し，次々と良くしていく活動なのです．

4.6.2 日常管理と管理項目

第3章「方針管理の進め方」においても登場した業務の結果やプロセス（業務の仕方）の良し悪しをはかる尺度である管理項目は，日常管理でも重要な役割を果たします．その管理項目には，図4.11のように，目標値（狙いの値）が与えられている項目と管理水準（許容範囲）が与えられている項目とがあります．

業務によっては当該期の業務内容が業務標準として規定されていて，その標準に従って業務を実施し，その期の内に確認し，次期も同じやり方（標準）を踏襲するのか，それとも今の業務標準を改訂あるいは新しい業務標準を制定するのかといった処置を行うものもあります．業務標準が与えられている場合の日常管理をSDCAサイクルを回す日常管理といい，そうでない場合をPDCAサイクルを回す日常管理ということがあります．

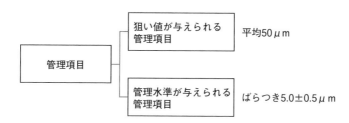

図4.11　狙い値が与えられる管理項目と管理水準が与えられる管理項目[*]

第 4 章　方針管理における TQM，日常管理，QC サークル活動の位置づけ

4.6.3　管理項目の種類

管理項目はさまざまな種類に分類することができます．例えば，以下の 6 つに分類することもできます．

《管理項目の分類例》

① **管理の間隔によるもの**：年次管理項目，月次管理項目，日常管理項目など

② **管理の対象によるもの**：品質関連，原価関連，生産性関連，安全関連など

③ **管理の目的によるもの**：維持の管理項目，改善の管理項目

④ **管理の派生によるもの**：日常管理上の管理項目，方針管理上の管理項目

⑤ **管理時点によるもの**：原因系の管理項目，結果系の管理項目（**図 4.10** 参照）

⑥ **管理の可能性によるもの**：制御可能な管理項目（制御項目），制御不可能な管理項目（非制御項目）．一般的に結果系の管理項目は制御不可能であり，統計学用語でいえば確率変数ということになります[25]．

管理項目は大きく原因系と結果系に分けることができます．すでに発生している，あるいは発生が懸念される問題の発生原因が追究できれば，原因系の管理項目は制御可能になるはずです．この制御可能な原因系の管理項目を「点検点」，結果系の管理項目を「管理点」と呼ぶこともあります（**図 4.12**）．

方針管理においては，この原因系の管理項目を「方策系の管理項目」，結果系の管理項目を「目標系の管理項目」と呼んでいました．そして，方針管理において対象となる問題や課題の解決プロセスの良し悪しを判断する方策系の管理項目をうまく設定することはやさしいことではなく，方針管理の優劣を決するものであると「生産ラインの改造」における事例を含めて強調しました．

生産性が向上したことで製品やサービスの「質」が低下したとか，原価は低

4.6 方針管理における日常管理の位置づけ

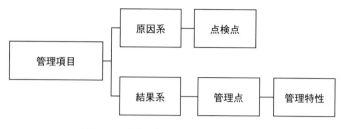

図4.12 原因系と結果系の管理項目

減できたが，製品やサービスの品質が低下したというのでは問題です．

あるべき姿を達成するためには，生産性が向上しない原因や原価が下がらない原因は業務の「質」や業務プロセスの「質」，プロセスマネジメントの「質」の悪さに起因していると考えます．「質」の悪さが原因となって生産性が低下し，原価が高止まりしていると考えるのです．業務の「質」や業務プロセスの「質」の悪さが原因系であって，結果系の生産性や原価が問題となっていると考えるのです．

4.6.4 管理項目一覧表

管理項目を一覧できるようにした表を「管理項目一覧表」といいます（**表4.1**）．多くの企業では，これを作成して管理すべき項目を明確にしていることでしょう．

表4.1の管理項目一覧表の例が示すように，管理項目一覧表には，管理項目，管理水準，管理間隔，担当者，日常管理か方針管理かの区分，法律／社内法規，品質，原価，生産性，安全性，モラールなどのLQCDSMの区分が記載されています．一般に，課長級の職位にある人ならば，20〜30個の管理項目を持っているといわれます．

管理項目の中で特に問題となる管理項目を「**重要管理項目**」といいます．課長級の職位にある人の場合は3〜5個の重要管理項目を持っているといわれています．管理者は，管理項目一覧表から重要管理項目を選定して日常管理に当

第4章　方針管理における TQM，日常管理，QC サークル活動の位置づけ

表4.1　工場における管理項目一覧表（例）

管理項目	管理水準	管理間隔	担当者	日常・方針	L・Q・C・D・S・M
法規遵守率	100%	年	部長	方針	L
労災件数	0件	毎日	課長	日常	S
工程内不良率	0.5%	毎日	工長	日常	Q
生産数量	50,000個	毎月	課長	方針	D
KY 提案件数	10件	毎月	工長	日常	S
工場内温度	27℃	毎日	組長	日常	Q
残業時間	30分	毎月	組長	日常	M
設備可動率	85%	毎週	工長	日常	D

たることになります．そして，部長などの上位管理者に提示するとともに，上位管理者からの管理状態に対する質問に即答できるようにしておく必要があります．

　品質管理では，「結果系の管理項目で状態の良し悪しを判断し，原因系の管理項目で状態をコントロールする」という言い方をします．すなわち，結果を見て業務の進め方や業務プロセスに対してアクションを検討するということを基本としています．「良い結果は，良いプロセスから生まれ，悪い結果は悪いプロセスから生まれる」というのは，品質管理における名言となっています．結果系の管理項目に問題がないのに原因系の管理項目にアクションを取っているという人を見かけることがあるのですが，それは過剰管理をしているということになります．

　かつて故・谷津進氏（玉川大学　名誉教授）が著書[29]において紹介した笑い話を紹介します．それは，あるパン工場のオペレーターの話です．「そのパン工場では，パン焼き炉でパンを製造していました．彼は黒焦げのパンを見つけると炉の温度が高すぎると考えて温度バルブを調整，逆に生焼けのパンを見つ

けると炉の温度が低すぎると考えて温度バルブを調整していました．しかし，その工場のパンの不良率は15％と高い値で推移していました．そのオペレーターが急病のために欠勤したことがあった日の不良率は5％程度であったため，彼が復職した朝『温度調整バルブは設計の状態に戻してあるので，しばらくは調整バルブにさわらないようにしなさい』と指示したところ不良率は5％前後で推移した」という話です．

このオペレーターは結果系の不良率が5％前後で推移するように設計してあるパン焼き炉においてパンの品質を左右する温度（これが原因系）を不良率という結果系の管理項目ではなく原因系の温度で管理しようとしていたのです．

4.6.5　日常管理の進め方

「**表 4.2　日常管理の実施手順とそのポイント**」は日常管理の一般的な進め方を，各々のステップにおけるポイントと併せて示したものです．

表 4.2 で言いたいのは，以下のようなことです．

① 　ムダ・ロスのない業務プロセスのあるべき姿を計画すること

② 　ムラ（ばらつき）の出ない業務のやり方を仕組み化すること

③ 　ムリなく実施できる業務推進のための業務標準を構築すること

④ 　その標準を遵守できているかどうかを評価すること

⑤ 　標準遵守評価のために SDCA のサイクルを回せるようにすること

⑥ 　不具合や異常が発見されたときには，不具合の拡大を防止するための応急処置をスピーディに実施すること

⑦ 　不具合や異常の発生原因を追究すること

⑧ 　再発防止を図るべく，標準の改訂や標準の新規制定を行うこと

⑨ 　標準に対する教育・訓練を行い，よい状態を維持すること

以下，これらを表 4.2 のプロセスに従って詳しく説明します．

（1）　職務の明確化

一般に，1つの組織・部門は複数の職務を果たしています．日常管理の最終

第4章 方針管理におけるTQM, 日常管理, QCサークル活動の位置づけ

表4.2 日常管理の実施手順とそのポイント

ステップ	ポイント
(1) 職務の明確化	他部門に対して提供, 保証すべき特性を明確にする.
(2) プロセスの明確化	顧客(後工程)に対して価値提供を行っている業務プロセスを細分化し, 各々の業務内容を文書化する.
(3) 管理項目の選定	仕事の出来栄えを測る結果系と行動計の評価尺度を検討し, 顧客にとって重要で, プロセスの不安定さを的確に捉えられるものを選ぶ.
(4) 管理水準の設定	業務プロセスのあるべき実力(中心値)と正常・異常の判断基準(限界値)を決める.
(5) 異常の検出	検出すべき異常の性質に応じたサンプリング頻度によるデータの可視化によるチェックを行う.
(6) 異常原因の追究	どのような形態の異常が, いつ, どこで発生したかを五ゲン主義にもとづいて追究する.
(7) 異常原因の除去	異常の発生原因を除去または冗長設計による未然防止を行う.
(8) 効果の確認と管理水準の改訂	管理水準の変更と業務プロセスに対する標準化を行う.

的な目的は, これらの職務をムダ・ムラ・ムリなく安定して行うことのできる業務プロセスを確立することです. そのため, 自部門や自組織のお客様である後工程や関連部門が, どのようなニーズを持っているか, そのニーズに応えるために「何を」「いつまでに」「どのようにしなければならないか」を明確にすることで, 自部門や自組織の行うべきことを明確化するのです.

(2) プロセスの明確化

「(1) 職務の明確化」で明らかとなった「お客様や後工程あるいは関連部門が持つニーズを実現する」ための機能の実現を目的として, プロセスの明確化します.

「ニーズを実現するための機能の実現」を果たす手段を1次，2次，3次，……と展開した業務機能展開表を作成し，末端業務を詳細に展開します．

そのうえで，各々の末端業務に対する前工程からのインプットと後工程に提供する付加価値，その付加価値をつくり込むために必要な業務の5M(やり方・方法：Method，使用する道具や機械：Machine，担当者：Man，原材料や部品：Material および業務結果の測定：Measurement)の作業内容，供給者，顧客，責任者を明確にします．また，インプットやアウトプットの内で重要なものについては，計測などを行って記録に残すことが必要です．

プロセスにおける業務や作業の内容については統一化を行ったうえで作業標準や作業マニュアルなどの標準書によって文書化し，そのとおり実施したことの証拠を残すことが大切です．

(3) 管理項目の選定

「管理項目」とはプロセスの結果のことで，その値を計測・監視することによってプロセスが安定しているかどうか，予想どおりの機能を果たしているかどうかを判定するために設定します．

観測可能なプロセスの結果は無数にあるため，もっともプロセスの状態を迅速に，簡単に，楽に判定できるものを選ぶ必要があります．顧客の視点から顧客の満足，不満足の結果に及ぼす影響の大きいものを選ぶとよいでしょう．また，プロセスが不安定になった場合に，そのことが敏感にわかるかどうかということも考慮しなければなりません．

(4) 管理水準の設定

管理の目的はプロセスの結果の異常を検出し，その原因を取り除くことです．したがって，「通常」とは何かを客観的に判定できる形で定義しておく必要があります．

「管理水準」とは，プロセスが安定状態にある場合にプロセスの結果である管理項目がとるべき値を定めたもので，一般には，次の2つで構成されます．

第4章　方針管理におけるTQM，日常管理，QCサークル活動の位置づけ

① **中心値**：とるべき値の平均値または中央値
② **管理限界**：とるべき値の限界値（大きいほうを上側管理限界，小さいほうを下側管理限界といいます）

中心値を定める場合には，現行の水準と望ましい水準を区別する必要があります．管理の目的はあくまで安定したプロセスの獲得であって，よりよいプロセスの確立とは違うということをしっかり認識しておく必要があります．

管理限界を合理的に定めるためには，現行のプロセスに関する管理項目のデータを収集し，検出すべき異常と無視すべき異常，ならびにそれらの性質を明確にしたうえで，管理図などの統計的な考え方を適用すればよいでしょう．

(5)　異常の検出

管理項目の値を常に観察しているのは異常を早期に発見するためです．個々の管理項目すべてをチェックするのは効率が良くないため，異常が発生したときの結果に対する影響度によって重点指向しなければなりません．

4.7　方針管理におけるQCサークル活動の位置づけ

QCサークル（小集団改善）活動は，QCサークル本部編の『QCサークルの基本』[30] において，以下のように定義されています．

「（QCサークルは）第一線の職場で働く人々が，継続的に製品・サービス・仕事などの質の管理・改善を行う小グループである．この小グループは，運営を自主的に行い，QCの考え方・手法などを活用し，創造性を発揮し，自己啓発・相互啓発をはかり活動を進める．この活動は，QCサークルメンバーの能力向上・自己実現，明るく活力に満ちた生きがいのある職場づくり，お客様満足の向上および社会への貢献をめざす．」

方針管理活動は，中期経営計画の実現を目指しています．方針管理を通じて社会や顧客に魅力的な価値を提供し，価値に対する品質保証を確実にします．その結果，仕事のやり方，業務プロセス，マネジメントシステムなどが改善・

126

4.7 方針管理における QC サークル活動の位置づけ

革新され，品質を保証するための標準や運用規則が制定されます．また，その標準や運用規則の遵守を通じて品質保証を確立します．

石川[21] は，「QC サークル活動は，職場の現状を維持しながら再発防止を行い，少しずつ改善していく活動であり，身近な問題点を積極的に捜し出して次々と改善していく活動である」と述べています．その意味で，QC サークル活動は，「仕事の結果が顧客（後工程）に品質保証されたものとなるため，標準遵守によって現状を維持しつつ問題点に対する再発防止（管理）を行うとともに，身近な問題点を積極的に捜し出して改善を行う第一線の職場で働く人々の改善活動である」と理解できます．

最近の QC サークル本部が主催する QC サークル全国大会での発表を見ると，次のように，発表事例がテーマリーダーによる困りごとから始まるテーマになっています．

- トランスミッションの性能試験における重量物を伴う作業の廃止
- 高所鉄塔作業における大物ボルトの落下未然防止
- 狭所作業における労働負荷から解放
- 再雇用ベテラン労働者の QC サークル活動への参加意欲の向上

そして，「困りごとの全員参加によるテーマ解決活動を通じた問題解決能力の向上と明るく活気に溢れた職場の実現」をサークル方針として掲げた活動を設定しています．しかも，そこで取り上げる困りごとは工程設計や設備設計あるいは作業標準設計といった設計段階でつくり込まれた問題であることを考えるならば，方針管理による「企業体質の強化」を支える重要な活動になっていることがわかります．

課長や係長あるいは組長や班長といった職制の人々が，方針管理における方針の設定に際して，職場の現状の問題点を的確に把握していたならば，方針として設定されるべき事項を QC サークル活動のリーダーやメンバーが取り上げているはずです．もし，QC サークル活動のテーマと方針管理の方針が大きく食い違っているとすれば，課長や係長などが，上位方針の達成ということに目を奪われて，自部門の問題点の解決を方針の中に埋め込めていないことを QC

第4章 方針管理における TQM, 日常管理, QC サークル活動の位置づけ

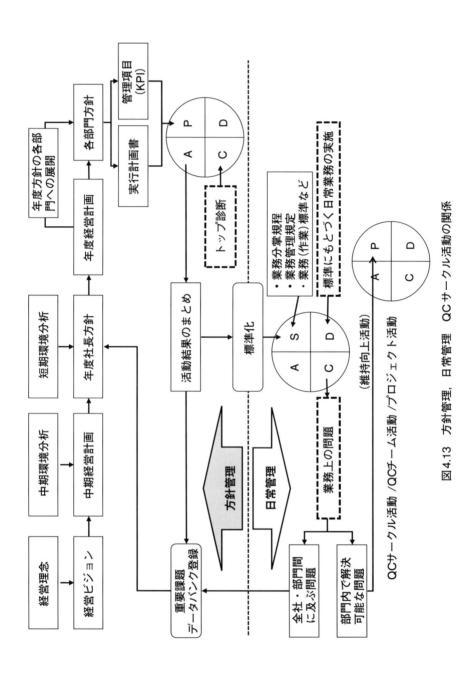

図4.13 方針管理, 日常管理, QC サークル活動の関係

4.7　方針管理における QC サークル活動の位置づけ

サークルのメンバーが指摘しているとも受け取れます.

　2024 年 9 月に開催された QC サークル全国大会(京都大会)において, 某社のサークルが「製品監査報告書転記ミス撲滅によるサークルメンバーの困りごと改善」というテーマに対する改善報告をされていましたが, その中身は「製品監査報告書作成の DX 化の推進」に相当するものであって, 管理者が自部門にある問題点を的確に捜し出し, 方針として提出していてもおかしくない事例になっていました. 図 1.1 (p.3)が方針管理と日常管理および QC サークル活動の役割を示したものであると理解できるならば, 方針管理における QC サークル活動の位置づけを理解できるのではないでしょうか.

　以上, TQM 活動における方針管理, 日常管理, QC サークル活動の関係を一枚の絵で表すならば, 図 4.13 のように示すことができるでしょう.

第5章

㈱アイシンにおける
方針管理の推進

5.1　方針管理導入の背景

アイシン精機㈱(現㈱アイシン)は，1965 年に愛知工業㈱と新川工業㈱の 2 社が合弁し創立されました．経営理念の制定後，管理方式の統一と人の和を図ることを狙いとして TQC を導入しました．さらに 5 年ごとにありたい姿を設定し実現するためのビジョン経営を推進するために，品質管理，方針管理を導入，1972 年にデミング賞に挑戦しました．

5.2　初期の方針管理活動(1965～1995 年)[36]

5.2.1　ビジョンの策定と長期経営計画

当社の方針管理の原点はビジョンです．方針を策定する前に，役員検討会を通じて全役員のベクトル合わせを行い，将来の会社のあるべき姿と向かうべき方向を共有することから始めています．

ビジョン策定に当たっては，予想される企業環境の変化，将来の社会・経済の動向や市場動向を踏まえ，会社のあるべき姿を「会社のアイデンティティ」「事業領域」「商品構成」「数値目標」などにまとめあげます．

策定されたビジョンの展開に当たって，長期経営計画を策定し，機能別の方針と目標値を定め，ビジョン達成に向けたシナリオを描きます．重要なことは，ビジョンの意図する内容をいかに嚙み砕くかであり，トップと各事業部，機能部門との十分な意思疎通と内容のすり合わせを行ってきました．この長期経営計画をもとに，年度会社方針の策定につなげてきました．

5.2.2 年度会社方針の策定

年度会社方針策定に当たっては，経営資源の配分や営業・開発・生産といった経営全般にわたる活動の方向づけ，重点方策と目標値を明示しています．年度初めに，トップが事業部・各部門の計画が確実に展開されているかを点検しています．

業務計画の実施状況については，毎月の役員会議で全社的な年度目標の達成状況をチェックします．毎月の活動状況チェックに加えて，半年に一度，「全社監査」を開催し，半年間のすべての活動状況を点検し，指摘を受けた内容はただちに計画にフィードバックし，対策を実行しています．

図5.1に「㈱アイシンの方針管理の仕組み」を示します．

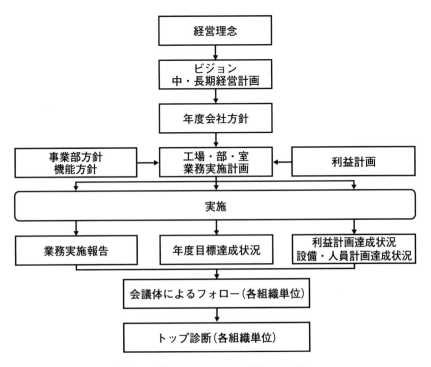

図5.1　㈱アイシンの方針管理の仕組み

5.3 「全社監査」による活動のフォロー

5.3.1 全社監査の内容

　全社監査は，財務の決算に対して，管理の決算として位置づけ，役員が監査団のメンバーとなっています．

　全社監査は，春(4月)と秋(10月)に開催され，春は年度会社方針が各部門に確実に展開されているかをチェックし(計画の質)，秋は実施状況について各事業部長，部門長の実情報告を受け問題点を見つけ出し，討議しています(実施の質)．全社監査は，ほぼ1週間にわたり，全事業部・全部門が監査を受けます．

5.3.2 全社監査の成果

　全社監査の成果は，大きく次の3点です．

①　方針がどの程度浸透しているかをチェックして，素早いアクションをとることができる．

②　実情説明の中から，経営上の問題点を見つけ出して，全員が同じ土俵で議論し，ベクトルを合わせて方向づけすることができる．

③　会社の方針を踏まえ，課題解決に当たるための部課長層の能力向上につながっている．

5.3.3 全社監査のポイント

　全社監査は，トップと各部門長とのディスカッションの場です．したがって，各部門の実情報告に当たっては，業務報告ではなく，プロセス重視の管理報告をすることが重要です．報告となると，往々にして業務報告になりがちですが，経営上の問題点を見つけ出すという全社監査の狙いからすれば，結果だけではなく，そこに至るプロセスに主眼をおいた管理報告をすることが大切です．

　監査をする側においては，各部門の報告を十分受け止めるために，実情を聞

第5章 ㈱アイシンにおける方針管理の推進

かせてもらうという姿勢，各部門の管理報告を善意に解釈し，的確に方向づけすることや，たとえ結果がともなっていなくとも，アドバイスに徹し，叱責をしないという心がけが必要です．

5.4 方針管理活動の変革

5.4.1 ローリング方式の方針管理

近年では，会社を取り巻く環境変化の激変と会社規模の拡大に伴い，方針管理活動も変えてきています．会社方針は，従来，単年度の方針を策定し展開してきましたが，現在では3年スパンで会社方針を策定し，3年後の目指す姿を達成するために，各年度に何をすべきかを年度方針として設定し活動を推進しています．年度の振り返り時に状況を確認し，必要に応じて目標を変更するといったローリング方式に変えてきているのです．

5.4.2 「全社監査」の改善

会社の規模が大きくなり，前述のような全部門が管理報告をすることが困難になってきたため，現在は，各事業部長が管轄する部門の「監査」を実施し，各事業部の統括部署がトップ点検を受けるという形式に変更しています．

方針管理の仕組みや監査のインターバル，時期は概ね従来どおり実施しており，各部署の監査結果は，報告事項，指摘事項など事業部長監査結果として指定の様式に記入し全社で集約しています．

5.5 マネジメント層教育

5.5.1 マネジメント研修の充実

方針管理を実践し，成果を出すためには，活動の中心となる部長，課長クラスが方針管理を正しく理解する必要があります．そのため，部長昇格時，課長昇格時に実施しているTQM部主管のマネジメント研修のコンテンツに方針管

理を組み入れています.

研修は,方針管理を進めるうえで基本となる,職場の使命の理解,方針管理の策定と展開などについて,2日間の講義終了後,各自の方針活動を実践するという事後課題を与え,6か月後に実践した活動の成果報告会をしています.

研修は,方針を策定する「部長」クラスと方針を受けて執行する「課長」クラスで内容を変え,講義とグループディスカッションを交えて教育しています.

5.5.2 方針管理と日常管理

部長,課長になると,日々の業務に追われ,業務をこなすのが精一杯となってしまっているのが現状です.そのため,研修では「方針管理」と「日常管理」の違いについて最初に説明し,理解させています.

方針管理とは,中期ビジョン,年度会社方針を達成するために,イノベーションが必要とされる項目をテーマとしてあげることを教えています.具体的には,次の3つです.

①　今まで取り組んできたが,考え方方法を大きく変える必要があるテーマ

②　環境変化や自己成長のためどうしてもやる必要があるテーマ

③　一通りの成果は上がっているが,一段,二段上の成果が求められるテーマ

一方,「日常管理」は,従来の活動に改善を加えれば目標が達成できる項目とし,目標の高さによって,方針管理と日常管理を使い分けるよう教育しています(**図5.2,図5.3**).

各部門においては,上位方針である会社方針や事業部方針をキチンと理解し,的確に部方針,課方針にブレークダウンするとともに,メンバー全員に周知徹底させることが重要です.

5.5.3 職場の使命の理解

職場の使命の理解は,方針管理を進めるうえで大変重要なポイントです.研

第5章 ㈱アイシンにおける方針管理の推進

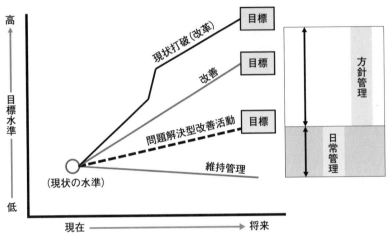

図5.2　目標の高さから見た方針管理と日常管理の関係

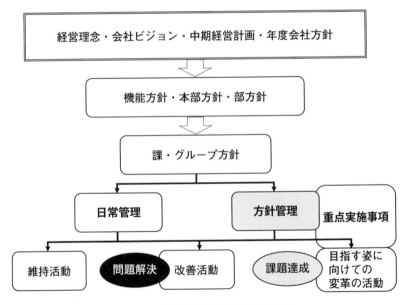

図5.3　方針管理と日常管理の関係

修では，自職場の使命とは何か，メンバーにどのように浸透させるかについて，講義とグループディスカッションで理解を深めています．

職場の使命とは，自分たちの職場が会社組織の中で「どのような役割を担い，どのようにその役割を発揮して」存在意義を打ち出していくのかを言葉に表したものであり，重要なポイントは，以下の2つです．

① 自職場の顧客の定義
② 自職場が提供しているモノの価値

職場の使命について，特に新任課長クラスでは，アウトプットであるモノを提供することが自職場の使命と理解している受講生が少なくありません．研修では，自職場がお客様に提供しているのは，モノではなく，それらに付加された価値を提供していることを徹底的に教え込みます．さらに受講生同士のグループディスカッションで意見を交換することで，自職場の使命について理解を深めています．

まず，顧客を定義することから始めています．顧客については，後工程だけが顧客ではなく，一段高い視座から，自職場が提供しているモノは誰が活用しているのか，活用してくれている人は全員顧客であると理解させています．

顧客の定義ができたところで，価値について議論する．定義した顧客それぞれに対してどのような利得があるか，一般的な議論ではなく，受講生が各自の具体的なモノを持ち寄って議論します．

5.5.4　方針策定と展開

方針の策定と展開は，方針管理をうまく進めるために大変重要な部分です．研修では，次の5つのステップで理解させています(図5.4)．

(1)　現状の整理

現状の整理は，「上位方針」「職場の使命」「環境変化と将来予測」「職場のビジョン」「職場マネジメントの反省」の5つの基本要件にもとづき整理をすることが必要であり，使命を明確にして，職場で共有することが大切です．

第5章　㈱アイシンにおける方針管理の推進

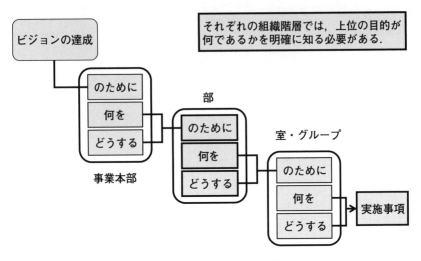

図5.4　重点実施項目の展開

(2) 顧客とそのニーズの深掘り

　顧客（後工程）・前工程との関係を明確にし，顧客要求をもれなく洗い出すこと．特に顧客要求については，顧客の立場に立って，顧客の言葉で明確にしておくことが必要です．

(3) 目標の設定

　方針の目的を明確にし，それに合致した目標を設定します．目標は，「何を実施することで上位方針に貢献するか」「顧客満足を獲得し，将来にわたって勝ち続けることができるか」といった視点で設定します．

(4) 方策の洗い出し

　顧客のニーズを実現するために行うべきことを洗い出して，重点実施項目を決めます．決めた重点実施項目は，上位方針の手段を目的として，自部署の対象と手段を設定します．

（5）　指標と目標値の設定

指標は，実施項目の達成度合いを測るモノサシであり，目標値は自部署の目標達成を担保できるよう熟考します．

5.5.5　管理者の心構え

方針管理活動を進めるうえで，管理者の心構えについても教育しています．

方針展開では，やるべきことを明文化し，何のために，何を，どうするのかを自分の言葉でメンバーにきちんと伝えることが重要です．

活動の点検・フォローでは，点検する側が，活動の良し悪しを「自責」として捉え，方針管理を通して，人と組織の体質強化を図ることを忘れないようにすることが大切です．グループディスカッションを通して，そのような意識を持つように教育しています．

5.6　方針管理活動の支援

方針管理の仕組みを構築し，部課長層への教育を充実させてきましたが，実活動では，思ったとおりの成果が出なかったり，どう進めてよいか悩んだりするケースが多々あります．特に部門長となると，部門を任されているという責任感やプライドが邪魔をして，気軽に悩みごとを相談し，わからないことを教えてもらうといった行動をとりにくい場合がありました．そのため，困っている部門長への支援を考える必要がありました．

5.6.1　部マネジメント研究会（2007 〜 2018 年）

方針管理で困っている部門長の支援として，2007 年より部マネジメント研究会を企画・開催しました．

この研究会の目的は，全部門長が議論やマネジメント好事例，専門家の知見を通し，次年度のアクションプランにつなげることです．

開催日時については，全部門長が必須で，丸 1 日議論できるタイミングを検

第5章 ㈱アイシンにおける方針管理の推進

討した結果，3月の日曜日に開催することとしました．年度末の3月は部門長
も多忙で，平日に全部門長の参加を要請することは無理がありますし，日曜日
であれば業務対応などの外乱が排除でき，議論に集中することができると考え
たからです．

　トップに企画を説明したところ，「全役員も参加するように」との指示をい
ただき，部マネジメント研究会は社長以下全役員，全部門長が参加することと
なり，総勢100名を超える研究会となりました．

　研究会は，外部の有識者による基調講演，事前に聞き取りをして選定した好
事例の紹介，グループディスカッションの構成で開催しました．グループディ
スカッションは各機能混在で日ごろ業務上，あまりかかわりがない部門長7～
8名のメンバーで構成するとともに，各グループに管掌外の役員をメンバーと
して配置し，部長たちの議論に参加してもらうようにしました．

　部マネジメント研究会をスタートした当初は，多くの部長より，「日曜日ぐ
らい休みたい」「集合して議論する価値は」など多数の苦情をいただきました．
しかしながら，3年程しつこく続けていると，会社としての恒例行事として認
識されるようになり，苦情は次第になくなりました．

5.6.2　部マネジメント研究会でわかったこと

　部マネジメント研究会を開催し，各部長のディスカッションを聞いてみる
と，所属する機能は違うが，部方針の浸透の仕方，部下の人材育成などは部門
長として抱えている共通の困りごとであることがわかってきました．また，他
の部門長とディスカッションすることにより，多くの気づきが得られたとのコ
メントも多数いただき，研究会の成果はあったと判断しています．

5.6.3　部マネジメント研究会の拡大

　2011年からは，グループ会社の代表者および海外法人からも参加していた
だき，研究会の規模を拡大しました．参加者は総勢200名近くとなり活発な意
見交換ができるようになりました．さらに，グループ会社においても，各社で

140

5.7 部門長への寄り添い(2016年〜)

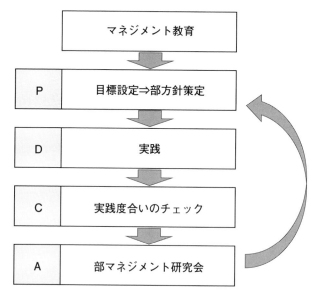

図5.5 部マネジメントレベル向上活動の仕組み

同様の部マネジメント研究会を開催するようになりました．

図5.5に「マネジメントレベル向上活動の仕組み」を示します．

5.7 部門長への寄り添い(2016年〜)

部マネジメント研究会をスタートさせ，部門長の困りごとを共有する仕組みはできました．しかしながら，「やはり大勢の前では話しづらい」といった意見が出るようになり，部門長が周囲を意識することなく，自分の意見を自由に発言できる環境を整備する必要があると考え，2016年から部門長一人ひとりに，個別で議論する部門長面着活動を企画・展開しました．

5.7.1 部門長面着活動

大勢の前では話しづらい困りごと，悩みを抱えている部門長に対して，個別

第5章 ㈱アイシンにおける方針管理の推進

に訪問し，直接聞く場を設定しました．個別であれば，周りを気にすることもなく，自由に意見交換ができると考えたのです．

訪問時期は，年度方針が4月からスタートすることを考慮し，4月から6月までとし，時間は，部長の拘束時間をできるだけ短くすることを考慮し，一部署15分から30分程度とした．

訪問者はTQM部門の部長クラス，場所は先方の指定する会議室あるいは打合せ机でもOKとし，特に準備いただく資料などは必要なく，方針管理など，部のマネジメントを実践するうえでの困りごと，悩みなどをオープンにディスカッションすることを目的としました．

TQM部は，事前準備として，訪問先の部署の意識調査アンケートのデータなどを解析し，訪問先の部門がどのような状況になっているかをイメージして訪問に臨みました．各部門長のスケジュール調整は大変時間がかかりましたが，2016年は当時83部署の部門長全員を訪問し，議論することができました．

訪問スケジュールは，新任部長，異動した部長を最初に訪問するようにしました．新任部長，異動した部長は新しい職場で困りごとが多いと考えたからです．新任部長が終わると，次は意識調査結果などが芳しくない部長を訪問し，最後に部のマネジメントがよいと思われる部長を訪問するようにしました．

2022年からは，会社規模の拡大に伴い，部門数も増加したため，物理的に全部長訪問は困難になったため，新任部長，異動した部長と訪問を希望する部長を対象に活動を継続しています．

5.7.2 部門長面着活動の成果

部門長面着活動をやってみると，各部門長が真剣に考え取り組んでいることがよく理解できました．また，自分では普通にやっていることが，第三者から見れば大変ユニークで他部門の参考になる活動も多く見られました．

TQM部門ではこのような活動をマネジメント好事例として収集し，社内のイントラネットに掲載し他部門の参考にしてもらえるよう，データベースも構築しました．

142

部方針の浸透のやり方や，部下の人材育成のやり方など多くの事例が収集できています．

5.7.3 部門長面着活動の拡大

部門長に対する訪問活動は一定の成果が出てきましたが，部門長面着活動を通して，方針展開のカギは課長クラスの理解度に左右されることもわかってきました．そのため，2024年度からは，部門長の1つ下の階層(室長，グループ長)に同様の活動を課長クラスにも仕掛けていく企画を立てようとしています．ただ，対象が数倍に膨れ上がるため，どのように進めていくか検討中です．

引用・参考文献

[1] M.L. ダートウゾス，R.K. レスタ，R.M. ソロー(著)，依田直也(訳)：『Made in America；アメリカ再生のための米日欧産業比較』，草思社，1990 年.

[2] 末永國紀：『近江商人の経営の理念―三方よし精神の系譜』，清文堂出版，2024 年.

[3] 渋沢栄一(著)，守谷淳(訳)：『現代語訳 論語と算盤』，筑摩書房，2010 年

[4] 藤本隆宏：『能力構築競争―日本の自動車産業はなぜ強いのか』，中央公論新社，2003 年.

[5] 藤本隆宏：『ものづくり経営学―製造業を超える生産思想』，光文社，2007 年.

[6] 延岡健太郎：『MOT［技術経営］入門』，日本経済新聞出版，2006 年.

[7] R.F. ラッシュ,S.L. バーゴ(著)，井上崇通(訳)：『サービス・ドミナント・ロジックの発想と応用』，同文館出版，2016 年.

[8] 田口尚文：『サービス・ドミナント・ロジックの進展』，同文舘出版，2017 年.

[9] 常盤文克：『コトづくりのちから』，日経 BP 出版センター，2006 年.

[10] 猪原正守：「顧客価値創造に貢献できる現場力の育成と強化」，第 113 回品質管理シンポジウム，日本科学技術連盟，2022 年.

[11] 水野滋(監修)，QC 手法開発部会(編)：『管理者・スタッフの新 QC 七つ道具』，日科技連出版社，1992 年.

[12] 猪原正守：『新 QC 七つ道具―混沌解明・未来洞察・バックキャスティング・挑戦問題の解決』，日本規格協会，2016 年.

[13] 猪原正守：『新 QC 七つ道具の基本と活用』，日科技連出版社，2011 年

[14] 猪原正守：『新 QC 七つ道具 入門』日科技連出版社，2009 年.

[15] 近藤次郎：『企画の図法 PDPC』，日科技連出版社，1988 年.

[16] 納谷嘉信：『TQC の知恵を活かす営業活動―人材育成から仕組みの構築へ』，日科技連出版社，1991 年.

[17] 佐々木眞一：『現場からオフィスまで，全社で展開するトヨタの自工程完結』，ダイヤモンド社，2015 年.

[18] 永田靖：『入門実験計画法』，日科技連出版社，2000 年.

[19] 立林和夫：『入門タグチメソッド』，日科技連出版社，2004 年.

[20] 納谷嘉信：『TQC 推進のための方針管理―新 QC 七つ道具を活用して』，日科技連出版社，1982 年.

[21] 下見陸雄：『礼記』，明徳出版社，2011 年.

引用・参考文献

[22] 野中郁次郎，竹内弘高：『知識創造企業(新装版)』，東洋経済新報社，2020 年．

[23] 日本品質管理学会：『日本品質管理学会規格 方針管理の指針(JSQC-Std 33-001：2016)』，日本品質管理学会，2016 年．

[24] 福原證：『事例に学ぶ方針管理の進め方』，日科技連出版社，2022 年．

[25] 大藤正，谷津進：「第 23 章，経営管理システムの構築と運営」，『品質管理ベーシックコース テキスト』，日本科学技術連盟，2024 年．

[26] C.H. ケプナー，B.B. トリゴー：『新・管理者の判断力 ラショナル・マネジャー』，産能大出版部，1985 年．

[27] 細谷克也：『QC 的ものの見方・考え方』，日科技連出版社，1984 年．

[28] 石川馨：『第 3 版 品質管理入門 A 編』，日科技連出版社，1989 年．

[29] 谷津進：『TQC における問題解決の進め方』，日本規格協会，1986 年．

[30] QC サークル本部(編)：『QC サークルの基本』，日本科学技術連盟，2020 年．

[31] 長田洋：『TQM 時代の戦略的方針管理』，日科技連出版社，1996 年．

[32] 中條武志：『日常管理の基本—トラブル・事故・不祥事の防止』，日科技連出版社，2021 年．

[33] 日本品質管理学会(監修)，日本品質管理学会 標準委員会(編)：『日本の品質を論ずるための品質管理用語85』，日本規格協会，2009 年．

[34] 日本品質管理学会(監修)，日本品質管理学会 標準委員会(編)：『日本の品質を論ずるための品質管理用語 Part 2』，日本規格協会，2011 年．

[35] 中條武志，山田秀：『マネジメントシステムの審査・評価に携わる人のための TQM の基本』，日科技連出版社，2006 年．

[36] 伊藤清：『TQM による魅力ある企業づくり』，日科技連出版社，1996 年．

索　引

【数字】

3定　9
3ム　31
5S　9

【A-Z】

AI　17
CPM　12
CS　13
CSR　13
DR　86
DX　8
ES　13
Four Students Model　23
GTEアプローチ　7
JKK　21
PDCA　30
PDCAサイクル　9
PDPC　21
PDPC法　12
PERT　12
QC工程表　18
QCサークル活動　24, 125, 128
SDCAサイクル　115
SDGs　13
SQC　24
TQM　12, 31, 103, 104
TQMモデル　111, 112, 113, 114
VA　61
VE　11, 61
$\overline{X}-R$管理図　109

【あ行】

アロー・ダイヤグラム法　12
意味的価値重視のモノづくり　3
インテグラル型技術社会　4

【か行】

改善活動　108
革新活動　108
価値工学　11, 61
価値提携業務　21
価値分析　61
管理技術　14
管理グラフ　85
管理項目　35, 58, 119
管理項目一覧表　121, 122
管理項目の種類　120
管理水準　58
企業体質の強化　31
企業の社会的責任　13
企業理念　115
技術　14
基礎課題　52
技能　14
機能価値重視のモノづくり　3
機能展開図　11
組合せ型技術社会　3
経営基本方針　50
経営戦略　51
経営理念　50
系統図　68
系統図法　11
結果系の管理項目　35
結果の管理グラフ　90, 91

147

索 引

現状維持活動　106
現状分析　49
顧客満足　13
コスト競争　2
コト価値　4，5
固有技術　14

【さ行】

再発防止活動　107
サービス中心論理　4
サービス・ドミナント・ロジック
　4
三方良し　5
自己完結　21
実施計画　58
実施計画書　83
実施方策　72
社長方針　99
従業員満足　13
重点課題　58，62
重点指向　16
重要管理項目　121
将来の課題　73
新QC七つ道具　11，56
人工知能　17
人財　23
人材　23
人在　23
人罪　23
親和図　43，55，64，65
親和図法　11
数値目標　51
すり合わせ型技術社会　3
生成AI　17
設計審査　86

全社監査　133
全社的品質管理　12
相互啓発　31
創造価値　5

【た行】

体質強化　15
中期経営計画　49，51，52，53
デザインレビュー　86
デジタルトランスフォーメーション
　8
デメリット　73
討議記録　70
統計的品質管理　24
トップ診断　97

【な行】

なぜなぜ分析　40
日常管理　10，31，118，124，135
年度社長方針　52，53
年度方針書　81，82
ノウハウ　14

【は行】

旗方式　44，45
標準化　20
品質管理手法教育　111
部門長面着訪問活動　141
方策　58，62
方策系の管理項目　35
方策展開　75
方策展開型系統図　53，54，55
方策展開型連関図　19，53，54，55
方針　58
方針管理　10，31，47，132，135

方針管理が実践できている組織　26,
　57
方針策定　137
方針設定　69
方針の管理グラフ　90, 91
方針の展開　67

【ま行】
マトリックス図　55, 69, 81
マトリックス図法　12
マトリックス・データ解析法　12
マネジメント層教育　134
ムダ・ムラ・ムリ　31
目標　58

目標管理　47
目標値　62
モジュール型技術社会　3
モノ価値　4, 5
問題解決型QCストーリー　117
問題点の把握　32, 71

【や行】
要因追究型連関図　55

【ら行】
連関図　39, 66
連関図法　11
ローリング方式　134

著者紹介

猪原　正守（いはら　まさもり）
大阪電気通信大学名誉教授
執筆担当：まえがき，第1章〜第4章

鬼頭　　靖（きとう　やすし）
株式会社アイシン　TQM推進部
執筆担当：第5章

方針管理の基本

2025 年 3 月 27 日　第 1 刷発行

著　者　猪　原　正　守
　　　　鬼　頭　　　靖
発行人　戸　羽　節　文

検　印
省　略

発行所　株式会社 日科技連出版社

〒 151-0051　東京都渋谷区千駄ヶ谷 1-7-4
　　　　　　 渡貫ビル

電話　03-6457-7875

Printed in Japan

印刷・製本　河北印刷株式会社

© *Masamori Ihara, Yasushi Kito* 2025　　ISBN 978-4-8171-9812-9
URL https://www.juse-p.co.jp/

本書の全部または一部を無断でコピー，スキャン，デジタル化などの複製
をすることは著作権法上での例外を除き禁じられています．本書を代行業者
等の第三者に依頼してスキャンやデジタル化することは，たとえ個人や家庭
内での利用でも著作権法違反です．